受益一生的

北大心理课

徐兵智 谢寒梅◎主编

中华工商联合出版社

图书在版编目（CIP）数据

受益一生的北大心理课 / 徐兵智,谢寒梅主编. —北京:中华工商联合出版社,2014.4（2024.1重印）

ISBN 978-7-5158-0875-8

Ⅰ.①受⋯ Ⅱ.①徐⋯ ②谢⋯ Ⅲ.①心理学–通俗读物

Ⅳ.①B84-49

中国版本图书馆CIP数据核字（2014）第047094号

受益一生的北大心理课

主　　编：徐兵智　谢寒梅
责任编辑：吕　莺　李伟伟
装帧设计：吴小敏
责任审读：李　征
责任印制：迈致红
出版发行：中华工商联合出版社有限责任公司
印　　刷：河北浩润印刷有限公司
版　　次：2014年7月第1版
印　　次：2024年1月第2次印刷
开　　本：710mm×1000mm　1/16
字　　数：200千字
印　　张：16
书　　号：ISBN 978-7-5158-0875-8
定　　价：68.00元

服务热线：010-58301130
销售热线：010-58302813
地址邮编：北京市西城区西环广场A座
　　　　　19-20层,100044
http://www.chgslcbs.cn
E-mail:cicap1202@sina.com(营销中心)
E-mail:gslzbs@sina.com(总编室)

序

北大，在风风雨雨中走过了近百年的沧桑岁月，见证了中国绵延不断的悠久历史。

北大，由新文化运动温养又反哺中国文化，至今依然坚定地屹立在文化阵地的前沿。

北大，可以说是传统文化与沧桑历史的完美结合。日积月累的文化底蕴逐渐塑造了特有的人文魅力。

当同龄人乘着时代的列车前进时，许多北大人已一跃成为时代的领航者，他们的成功在一定程度上源于北大精神！

在全国，多少莘莘学子寒窗苦读只为有朝一日能徜徉于"一塔湖图"之间，聆听学界大师的教诲，但仅有少数佼佼者能有幸踏足未名湖畔。

俗话说："站在前人的肩膀上，我们可以看得更高、更远。"

为了帮助那些在生活中不甘心平庸，渴望成功，对理想有所追求的人也一样能聆听到它们的精彩课程，能走入它们的历史和文化，能从中学到百年名校的成功智慧，我们特此策划编写了这套北大丛书。

一

北京大学是中国最早传播心理学的学府，早在1900年就开设心理学课程。北京大学心理学系按综合大学规格进行全面的学科建制，从事多方面的心理学研究，提供高质量的综合性高等教育，涵盖心理学各主要方向，是中国最著名的心理院系。

北京大学的心理学有着悠久的历史。1917年，北京大学创建了中国第一个心理学实验室，这是中国现代科学心理学的开端。

北大心理学实验室是在著名教育家、北京大学校长蔡元培先生倡导下建立的，他曾在德国莱比锡大学修习科学心理学之父冯特教授的心理学课程，为将科学心理学引入中国做出了重要贡献。自此，北京大学为我国培养了一批优秀人才。

1952年全国院校调整时，清华大学、燕京大学、复旦大学的心理学师资并入北京大学，合成为哲学系心理学专业，云集了国内一大批著名心理学家，成为国内最具实力的心理学研究、教学机构。20世纪初的三十年，心理学界的先贤们为改革中国、重塑民族思想性格而大力倡导、扶植心理学，开创了现代中国心理学的新纪元。

一

你是否经常有疑问，什么是心理学？心理学的主要研究方向和内容有哪些？

心理学与生活有哪些密切关系？

心理学都有哪些前沿研究？

其实，心理学一点不复杂，北大心理学讲师说："心理学就像大家所认为的那样，是跟人类的生活密切相关的。我们常说有人的地方就有心理学，因为你只要在这个社会中生存就需要与其他人交流，就需要跟周围的环境交互。所有的行为背后都有原因，而现代的科学心理学的研究能够帮助我们尽可能地去找到隐藏在这些行为背后的真正的原因，让人类更加了解自己。"

比如说，为什么有些人会让你很愿意去亲近他，去跟他发展更深层的关系，而另外有些人却一见面就让你特别讨厌？

很多时候，你其实很难解释清楚自己为什么会有这样的想法。

而北大心理学则可以帮助你找到产生这些感觉和想法的原因，同时还会告诉你在特定情况下，如果你做出某些行为会产生什么样的结果，这些结果会对你有什么影响，反过来也可以帮助你调整自己的行为。

再比如说，为什么你有丰富的工作经验，但工作业绩一直平平；你具有吃苦和打拼的精神，但每每都以失败告终；你觉得满腹才华，却平庸地度过自己的每一天？

北大心理学专家指出："如果我们的大脑相信某些事情是真的，那么它就会调整我们的行为，让其向着他所认为的方向去发展。"心理学可以告诉你如何发挥自己的优势，如何相信自己、肯定自己，从而向着成功的方向迈进。

北大心理学教授说："心理学的研究，非常非常地广泛，它不一定是大众通常所认为的，我心理有问题了，我去看心理医生。有很多生活中非常常见的问题，比如说我为什么很难跟他人相处，或者为什么我不能很好地控制自己的情绪。比如说易怒，很容易伤心等等。"

三

本书例举了日常生活中常见的各种心理状况和问题，结合理论和方法给予我们启迪，让我们犹如置身于北大学堂内，与北大学生共享心理学的盛宴。

本书最大的特色就是富有趣味性、实用性强。通过大量的案例和故事，以简洁、精辟的语言，对心理学的知识和规律进行了简明扼要的阐述，让读者在轻松活泼的阅读中了解心理学，并逐渐学会将心理学的知识运用于生活。

可以说成功离不开心理学，并与心理因素密切相关。大多数人失败并

非由于才智平庸，也不是因为时运不济，而是由于在事业长跑中没有保持一种健康的心态，使得自己最终无法触摸到成功的终点线。与其说他们是在与别人的竞争中失利，不如说他们输给了自己不成熟的处世心态。论处世心态，不外乎一是做人，二是办事。这两者相辅相成，却又灵活多变。

跟着北大人上心理课，使自己具备优秀的心理素质和良好的人格，不偏激，不忧虑，每天抱着一种积极向上的心态和观念。无论是初入社会的年轻人还是在社会中摸爬滚打了几年的人，都能通过阅读本书得到社交的智慧，并巧妙运用到人际沟通、高端谈判、公关危机、品牌营销、企业管理、情感对话等日常生活的方方面面。

目 录
Contents

第一课

知 心

——活学活用神奇的心理学定律

1.因果定律——一分耕耘,一分收获

"因果定律"是由著名哲学家苏格拉底提出的,又称为"因果法则",指无论哪一方面的成功或失败都不是偶然的,而是有着一定的因果关系,即每件事情的发生都有某个理由,每个结果都有特定的原因。

这个法则非常深奥且具极大影响力,以致世人将其称为人类命运的"铁律",其实用通俗话说,即种瓜得瓜,种豆得豆,种下什么样的因,就得到什么样的果。

有的人一生获得无数次成功,有的人连一次成功的滋味都没品尝过。你是否想过为什么人与人之间会出现这种截然不同的结果?失败的人抱怨自己的运气差,甚至将其归结于客观条件或外在因素;成功人士在总结经验时,经常要提到自己的聪明才智和好运气,但同时也强调了重要的一点——"一份耕耘,一分收获。"

有人曾问李嘉诚的成功秘诀。李嘉诚讲了下面这则故事:

在一次演讲会上,有人问69岁的日本"推销之神"原一平其推销的秘诀是什么,他当场脱掉鞋袜,将提问者请上讲台,说:"请你摸摸我的脚板。"

提问者摸了摸,十分惊讶地说:"您脚底的老茧好厚呀!"

原一平说:"因为我走的路比别人多,跑得比别人勤。"

李嘉诚讲完故事后,微笑着说:"我没有资格让你来摸我的脚板,但可以告诉你,我脚底的老茧也很厚。"

李嘉诚讲的这个故事,给我们这样的启示:人生中任何一种成功都不是唾手可得的,这是生命运行的必然结果。只有辛勤耕耘、矢志不移的人才能得到应有的尊重、地位、名利和成功。

知道这个道理后,相信那些失败的人在抱怨自己运气差的同时,一定也会总结一下自己曾经的付出是不是能给自己更多的收获。

任何一种结果的出现都不是偶然的,如果你像那些成功人士一样,曾做了大量卓有成效的工作,那么你必定会得到和成功人士同样的结果,当你环顾生活中的各个方面,你会发现健康、收入、业绩、事业、家庭、人际关系……你目光所能及的一切都是过去耕耘的因所带来的果。

世上的任何事情都遵循着这样的道理。只要你肯花时间、肯牺牲、肯研究、肯付出,自然会声誉满丰。例如,如果想拥有很多的财富,你必须时刻想着赚钱,时刻研究如何赚钱,时刻尽全力为此付出,这样你的钱包才会鼓起来。如果你想拥有智慧,你就必须播下追求知识、学会知识、追求真理、运用真理的种子,这样你的脑中才会充满智慧。

爱默生说:"因与果,手段与目的,种子与果实,是不可分割的,因为果早就酝酿在因中,目的存在于手段之前,果实则包含在种子中,大自然法则是:从事工作,你将拥有权力,但不工作的人,将没有权力。"

所以,你要得到某样东西,一定要付出更多的努力,把与该事情相关的每一件事情都做好,这样你才能从该事情中得到丰厚的回报,付出越多才能收获越多。

2.奥卡姆剃刀定律——复杂事情都能简单化

奥卡姆剃刀是由14世纪英格兰圣方济各会修士威廉提出来的一个原理。他出生在英格兰萨里郡的奥卡姆镇。威廉曾在巴黎大学和牛津大学学习,知识渊博,能言善辩,被人称为"驳不倒的博士"。

威廉曾写下了大量的著作,但都影响不大。但他却提出了这样的一个原理:如无必要,勿增实体。其含义是:只承认一个个确实存在的东西,凡干扰这一具体存在的空洞的普遍性概念都是无用的累赘和废话,应当一律取消。这一似乎偏激独断的思维方式,后来被人们称为"奥卡姆剃刀"。

奥卡姆剃刀的出发点就是:大自然不做任何多余的事。如果你有两个原理,它们都能解释观测到的事实,那么你应该使用简单的那个,直到发现更多的证据。对于现象最简单的解释往往比复杂的解释更正确。如果你有两个类似的解决方案,选择最简单的、需要最少假设的解释最有可能是正确的。

北大心理学家用简单的一句话总结这个定律:就是把烦琐累赘一刀砍掉,让事情保持简单!无论科学家还是普通人,谁能有勇气拿起它,谁就是离成功最近的人。

这把"剃刀"出鞘以后,一个又一个科学家,如哥白尼、牛顿、爱因斯坦等,都在"削"去理论或客观事实上的累赘之后,"剃"出了精练得无法再精练的科学结论。每一个人都解决过最复杂的问题,但都是首先使用奥卡姆剃刀将复杂的对象剃成最简单的对象,然后再着手解决问题。

通用电气公司的杰克·韦尔奇就是深得威廉的真传。

通用电气是一家多元化公司，拥有众多的事业部和成千上万的员工，如何有效地管理这些员工，使他们达到尽可能高的生产率，是杰克·韦尔奇一直苦苦思索的问题。他认为，过多的管理促成了懒怠、拖拉的官僚习气，会把一家好端端的公司毁掉。最后他总结出一个在他看来是最正确而且也必将行之有效的结论：管理越少，公司情况越好。

从接手主持通用电气的那一刻起，韦尔奇就认为这是一个官僚作风很严重的地方。控制和监督在管理工作中的比例太高了。他决定让主管们改变他们的管理风格。

韦尔奇想要从自己的字典里淘汰掉"经理"一词，原因在于它意味着"控制而不是帮助，复杂化而不是简单化，其行为更像统治者而不是加速器"。"一些经理们，"韦尔奇说，"把经营决策搞得毫无意义地复杂与琐碎。他们将管理等同于高深复杂，认为听起来比任何人都聪明就是管理。他们不懂得去激励人。我不喜欢'管理'所带有的特征——控制、抑制人们，使他们处于黑暗中，将他们的时间浪费在琐事和汇报上。紧盯住他们。你无法使人们产生自信。"

相反，韦尔奇非常钟爱"领导者"这个词。在他看来，领导应是那些可以清楚地告诉人们如何做得更好，并且能够描绘出远景构想来激发人们努力的那种人。管理者们互相交谈，互相留言。而领导者跟他们的员工谈话，与他们的员工交谈，使员工们脑海中充满美好的景象，使他们在自己都认为不可能的地位层次上行事，然后领导者们只要让开道路就行了。

正是在这些想法的指导下，韦尔奇向通用电气公司的官僚习气宣战了：简化管理部门；加强上下级沟通，变管理为激励、引导；要求公司所有的关键决策者了解所有同样关键的实际情况……在韦尔奇神奇剃刀的剪裁下，通用保持了连续20年的辉煌战绩。

经过数百年的岁月，"奥卡姆剃刀"已被历史磨得越来越快，它早已超越了原来狭窄的领域，具有了更广泛、丰富和深刻的意义。所以，别以为"奥卡姆剃刀"只放在天才的身边，其实，它无处不在，只是有待人们把它拿起。把复杂事情简单化，你就会发现人生其实好简单，成功其实离你也并不远。

3.特里法则——承认错误不是丢人的事情

特里法则的提出者是美国田纳西银行前总经理L·特里，他认为：正视错误，你会得到错误以外的东西。

人不是神，总有自己的缺点，谁都难免会犯一些错误。当我们犯错误的时候，脑子里往往会出现想隐瞒自己错误的想法，害怕承认之后会很没面子。

北大心理学家说，承认错误并不是什么丢脸的事。反之，在某种意义上，它还是一种具有"英雄色彩"的行为。因为错误承认得越及时，就越容易得到改正和补救。而且，由自己主动认错也比别人提出批评后再认错更能得到别人的谅解。更何况一次错误并不会毁掉你今后的道路，真正会阻碍的，是那不愿承担责任，不愿改正错误的态度。

新墨西哥州阿布库克市的布鲁士·哈威，错误地核准付给一位请病假的员工全薪。在他发现这项错误之后，就告诉这位员工并且解释说必须纠正这项错误，他要在下次薪水支票中减去多付的薪水金额。这位员工说这样做会给他带来严重的财务问题，因此请求分期扣回多领的薪

水。但这样哈威必须先获得他上级的核准。"我知道这样做，"哈威说，"一定会使老板大为不满。在我考虑如何以更好的方式来处理这种状况的时候，我了解到这一切的混乱都是我的错误，我必须在老板面前承认。"

于是，哈威找到老板，说了详情并承认了错误。老板听后大发脾气，先是指责人事部门和会计部门的疏忽，后又责怪办公室的另外两个同事，这期间，哈威则反复解释说这是他的错误，不干别人的事。最后老板看着他说："好吧，这是你的错误。现在把这个问题解决吧。"这项错误改正过来，没有给任何人带来麻烦。自那以后，老板就更加看重哈威了。

一个人有勇气承认自己的错误，也可以获得某种程度的满足感。这不只可以清除罪恶感和自我卫护的气氛，而且有助于解决这项错误所制造的问题。而勇于承认错误和失败也是企业生存的法则。

市场不是两军对垒的战场，企业不是军队。承认失败，企业可以避免更大的市场损失，可以重新调整自己的市场策略，也就可以重新取得市场机会。看看世界那些百年企业的发展历史，它们没有一个没有经历过失败，重要的是他们都能够从失败中重新站起来。

在行业圈子里，流传着宝洁公司的这样一个规定：如果员工三个月没有犯错误，就会被视为不合格员工。对此，宝洁公司全球董事长白波先生的解释是：那说明他什么也没干。

美国管理学家彼得·杜拉克认为，无论是谁，做什么工作，都是在尝试错误中学会的，经历的错误越多，人越能进步，这是因为他能从中学到许多经验。杜拉克甚至认为，没有犯过错误的人，绝不能将他升为主管。日本企业家本田先生也说："很多人梦想成功。可是我认为，只有经过反复的失败和反思，才会达到成功。实际上，成功只代表你的努力的1%，它只能是另外99%的被称为失败的东西的结晶。"

并不是失败了，它们就不成功。正是因为勇于承认失败和错误，它们才能历经百年而不倒。达尔文曾经说过："任何改正都是进步。"歌德也说过："最大的幸福在于我们的缺点得到纠正和我们的错误得到补救。"敢于承认错误，汲取教训，我们就能以崭新的面貌去迎接更加激烈的竞争和挑战！

4.250定律——认真对待身边的每一个人

美国著名推销员乔·吉拉德在商战中总结出了"250定律"。他认为，每一位顾客身后，大体有250名亲朋好友。如果你赢得了一位顾客的好感，就意味着赢得了250个人的好感；反之，如果你得罪了一名顾客，也就意味着得罪了250名顾客。因为在每位顾客的背后，都大约站着250个人，这是与他关系比较亲近的人：同事、邻居、亲戚、朋友。如果一个推销员在年初的一个星期里见到50个人，其中只要有两个顾客对他的态度感到不愉快，到了年底，由于连锁影响就可能有500个人不愿意和这个推销员打交道。

由此，乔·吉拉德得出结论：在任何情况下，都不要得罪哪怕是一个顾客。

北大心理学家解释说，这个心理学定律告诉我们，我们必须认真对待身边的每一个人，因为每一个人的身后都有一个相对稳定的、数量不小的群体。善待一个人，就像拨亮一盏灯，能照亮一大片。

在乔·吉拉德的推销生涯中，他每天都将250定律牢记在心，抱定生

意至上的态度,时刻控制着自己的情绪,不因顾客的刁难,或是不喜欢对方,或是自己心绪不佳等原因而怠慢顾客。乔·吉拉德说:你只要赶走一个顾客,就等于赶走了潜在的250个顾客。

每个人的背后都有一个小群体,赢得了这一个人,就间接赢得了他背后的小团体。其实,250定律并不只是揭示了一个商业原理,更揭示了深刻的人生哲理。"朋友再多也嫌少,敌人再少也嫌多",多一个朋友,就等于多了一群朋友。当失意沮丧落魄的时候,就有一群朋友来安慰你开导你帮助你,给你不止一个人的温暖,当初你点燃的一盏小小的友谊的灯,已经成为一盏明灯照出一大片明亮的灯光,照耀在你的人生之路上;而假如你多了一个敌人,就等于多了不止一分前进的障碍,他会在你人生得意的时候使阴招下绊子,在你人生失意的时候嘲笑你打击你甚至对你落井下石,也许当初你只是不经意间得罪了一个人,你不小心滴在白衬衫上的一个小小的墨点,会经过人群效应的发散成为厚厚的乌云,笼罩在你人生的屋顶。

从另一个方面引申开去,我们要注重跟每一个人交往时的自我表现,不只是在于每一个人背后的那个小群体,更在于每个人对身边相关人士的潜在影响力。也许今天你在一块贫瘠的土地上插上一颗柳枝,明年就能收获一片荫凉。生命中的任何人都可能是你的贵人。世事变化无常,多为别人提供无私的服务和帮助,总能获得回报的。即使不是为了得到物质上的回报,做人也应该与人为善,起码可以得到心灵上的满足和精神上的宽慰,古人教导我们"勿以善小而不为"和今天所提倡的助人为乐,讲的就是这个道理。

5.霍桑效应——适当发泄对身心有益

霍桑效应来源于美国哈佛大学心理学系组织的一次有价值的实验。

在芝加哥郊外,有一家制造电话交换机的工厂。在这个工厂中,各种生活和娱乐设施都很完全,社会保险、养老金等其他方面做得也相当不错。但是让厂长感到困惑的是,工人们的生产积极性却并不高,产品销售也是成绩平平。为找出原因,他向哈佛大学心理学系发出了求助申请。

哈佛大学心理学系在梅约教授的带领下,派出一个专家组对这件事展开了调查研究。经调查发现,厂家原来假定的对工厂生产效率会起极大作用的照明条件、休息时间以及薪水的高低与工作效率的相关性很低,而工厂内自由宽容的群体气氛、工人的工作情绪、责任感与工作效率的相关程度却较大。

在他们进行的这一系列试验研究中,有一个"谈话试验"。具体做法就是专家们找工人个别谈话,而且规定在谈话过程中,专家要耐心倾听工人们对厂方的各种意见和不满,并做详细记录。与此同时,专家对工人的不满意见不准反驳和训斥。这一实验研究的周期是两年。在这两年多的时间里,研究人员前前后后与工人谈话的总数达到了两万余人次。

结果他们发现:这两年以来,工厂的产量大幅度提高了。经过研究,他们给出了原因:在这家工厂,长期以来工人对它的各个方面就有诸多不满,但无处发泄。"谈话试验"使他们的这些不满都发泄出来了,从而感到心情舒畅,所以工作干劲高涨。这就是牢骚效应。由于这家工厂的名字叫霍桑,人们又将这种现象称为"霍桑效应"。

北大心理学家告诉我们：人有各种各样的愿望，但真正能达成的却为数不多。对那些未能实现的意愿和未能满足的情绪，千万不要压制，而是要让它们发泄出来，这对人的身心发展和工作效率的提高都非常有利。

在日本，很多企业非常注重为员工提供发泄自己情绪的渠道。松下公司就是如此。

在松下，所有分厂里都设有吸烟室，里面摆放着一个极像松下幸之助本人的人体模型，工人可以在这里用竹竿随意抽打"他"，以发泄自己心中的不满。等他打够了，停手了，喇叭里会自动响起松下幸之助的声音，松下说："厂主自己还得努力工作，要使每个职工感觉到：我们的厂主工作真辛苦，我们理应帮助他！"正是通过这种方式，使松下的员工自始至终都能保持高度的工作热情。

如果人们内心的苦闷和烦恼长期郁积在心头，就会成为沉重的精神负担，这种压力是会损害身心健康的。英国权威心理医学家柯利切尔认为：积贮的烦闷忧郁就像一种势能，若不释放出来，就会像定时炸弹一样，埋伏在心间，一旦触发就会酿成大祸。若及时加以发泄或倾诉，便可少生病，保健康。所谓将压抑"说"出体外，指的就是倾诉，就是将自己的喜怒哀乐，尤其是怒和哀，毫无保留地倾吐出来。这是一种感情的排遣，也是一种心理调节术。

现代医学研究也发现，癌症、高血压、心血管等疾病的诱发病因很大一部分就是人的抑郁、焦虑等不良情绪在人体内的长期积压。也就是说，当一个人被心理负担压得透不过气来的时候，就容易患上各种疾病。反之，如果有人真诚而又耐心地来听他的倾诉，他就会有一种如释重负、一吐为快的感觉。因为这种心理上的应激反应，可以使内心的感情和外界

刺激取得平衡,这就是现代心理学中所说的"心理呕吐"。

北大心理专家指出,倾诉是缓解压抑情绪、释放压力非常有效的手段,还能防治各种疾病。善于倾诉的人,心理上更趋于健康。

6.巴纳姆效应——最难的是认识你自己

人们常常认为一种笼统的、一般性的人格描述十分准确地揭示了自己的特点,心理学上将这种倾向称为"巴纳姆效应"。

在日常生活中,我们既不可能每时每刻去反省自己,也不可能总把自己放在局外人的地位来观察自己,于是只能借助外界信息来认识自己。正因如此,每个人在认识自我时很容易受外界信息的暗示,迷失在环境当中,受到周围信息的暗示,并把他人的言行作为自己行动的参照。"巴纳姆效应"指的就是这样一种心理倾向,即人很容易受到来自外界信息的暗示,从而出现自我知觉的偏差,认为一种笼统的、一般性的人格描述十分准确地揭示了自己的特点。

这个效应是以一位广受欢迎的著名魔术师肖曼·巴纳姆来命名的,他曾经在评价自己的表演时说:他的节目之所以受欢迎,是因为节目中包含了每个人都喜欢的成分,所以每一分钟都有人上当受骗。

有位心理学家曾经针对这种一效应做过一个实验,他给一群人做完明尼苏打多相人格检查表(MMPI)后,拿出两份结果让参加者判断哪一份是自己的结果。事实上,一份是参加者自己的结果,另一份是多数人的回答平均起来的结果。参加者竟然认为后者更准确地表达了自己的人格特征。

　　这项研究告诉我们,每个人很容易相信一个笼统的、一般性的人格描述特别适合他。即使这种描述十分空洞,他仍然认为反映了自己的人格面貌。曾经有心理学家用一段笼统的、几乎适用于任何人的话让大学生判断是否适合自己,结果,绝大多数大学生认为这段话将自己刻画得细致入微、准确至极。

　　在生活中,这种效应的典型反映是在算命过程中。很多人请教过算命先生后认为算命先生说得"很准"。其实,那些求助算命的人本身就有易受暗示的特点。当人的情绪处于低落、失意的时候,对生活失去控制感,于是,安全感也受到影响。一个缺乏安全感的人,心理的依赖性也大大增强,受暗示性就比平时更强了。加上算命先生善于揣摩人的内心感受,稍微够理解求助者的感受,求助者立刻会感到一种精神安慰。算命先生接下来再说一段一般的、无关痛痒的话便会使求助者深信不疑。

　　北大心理学家指出,人要避免巴纳姆效应,客观真实地认识自己,有以下几种途径:

　　第一,要学会面对自己。

　　有这样一个测验人的情商的题目是:当一个落水昏迷的女人被救起后,她醒来发现自己周围有一群人时,第一个反应是什么呢? 答案是尖叫一声,然后用双手捂着自己的眼睛。

　　从心理学上来说,这是一个典型的不愿面对自己的例子,因为自己有"缺陷"或者自己认为现状存在缺陷,就通过方法把它掩盖起来。所以,要认识自己,首先必须要面对自己。

　　第二,培养一种收集信息的能力和敏锐的判断力。

　　很少有人天生就拥有明智和审慎的判断力,实际上,判断力是一种在收集信息的基础上进行决策的能力,信息对于判断的支持作用不容忽视,没有相当的信息收集,很难做出明智的决断。

有一个故事说,一个替人割草的孩子打电话给一位陈太太说:"您需不需要割草?"陈太太回答说:"不需要了,我已有了割草工。"这个孩子又说:"我会帮您拔掉花丛中的杂草。"陈太太回答:"我的割草工也做了。"这孩子又说:"我会帮您把草与走道的四周割齐。"陈太太说:"我请的那人也已做了,谢谢你,我不需要新的割草工人。"孩子便挂了电话。孩子的哥哥在一旁问他:"你不是就在陈太太那儿割草打工吗?为什么还要打这电话?"孩子带着得意的笑容说:"我只是想知道我做得有多好!"

这个孩子可以说是十分惯于收集针对自己的信息,因此可以预见他的未来成长以及可能取得的成就,绝非是一般小孩子能比。

第三,以人为镜,通过与自己身边的人在各方面的比较来认识自己。

在比较的时候,对象的选择至关重要。找不如自己的人作比较,或者拿自己的缺陷与别人的优点比,都会失之偏颇。因此,要根据自己的实际情况,选择条件相当的人作比较,找出自己在群体中的合适位置,这样认识自己,才比较客观。

第四,通过对重大事件,特别是重大的成功和失败认识自己。

重大事件中获得的经验和教训可以提供了解自己的个性、能力的信息,从中发现自己的长处和不足。越是在成功的巅峰和失败的低谷,就越能反映一个人的真实性格。无论是成功还是失败时,都应坚持辩证的观点,不忽视长处和优点,也要认清短处与不足。

7.松毛虫效应——拒绝盲目跟风

法国科学家亨利·法布尔曾做过一个实验：他把很多松毛虫放在一只花盆的边缘，使其首尾相接连成一圈，然后又在花盆的不远处撒了一些松叶。一连七天七夜，没有任何一只松毛虫吃到松叶。它们只是一直一个跟一个地绕着花盆一圈又一圈地走，直到饥饿劳累而死。

松毛虫如此，而作为万物灵长的人类有时也同样难以摆脱这样的心理。

例如在商场上，由于对信息掌握不充分或缺乏了解，投资者很难对市场未来的不确定性做出合理的预期，往往是通过观察周围人群的行为而提取信息，在这种信息的不断传递中，许多人的信息将大致相同且彼此强化，从而产生从众行为。所以你会发现，市场上新产生的商品不见得是大家离不开的，只是因为有人在造势，培养出了一部分消费者，跟从的人越来越多，商品就有了市场。这就是为什么商品要做广告的原因。

社会心理学家研究发现，影响从众心理的最重要因素是持某种意见的人数多少，而不是这个意见本身。正如鲁迅所说的那样，"世上本没有路，走的人多了也就成了路"。所有的事情不见得都对，但是多数人认为对的也就成了对的。所以，生活中才会有很多人盲目屈服于常态，而失去独立的机会。有些很有能力的人害怕成为出头的椽子，一生都埋没于世俗当中。

人的从众心理很严重，最普遍的现象就是，当你走在大街上的时候，经常会发现很多人穿着同一款式的衣服，有的人穿着也许很合适，符合自身

的气质特征,而有些人只是在东施效颦,盲从的结果并没有自己想象的那么完美。

对他人的信息不可全信也不可不信,凡事要有自己的判断和立场,决不能盲目跟从、盲目轻信。

8.不值得定律——不值得做的事情千万别做

不值得定律最直观的表述是:不值得做的事情,就不值得做好。

北大心理学家说,这个定律似乎再简单不过了,但它的重要性却常常被人们疏忽。因为不值得定律反映出了人们的一种心理:一个人如果从事的是一份自认为不值得做的事情,往往会保持冷嘲热讽、敷衍了事的态度。这种态度使人缺乏激情去对待事物,也降低了自己的自信心,从而导致事件的成功率低,即使最终成功了,自己也不会有多少成就感。

所以,我们要选择自己值得去做的、愿意去做的事情,并把它当作自己的奋斗目标。

著名编剧尼尔·西蒙决定是否将一个构思发展为剧本前都会问自己:假如我要写这个剧本,在每一页都尽量保持故事的原则性,而且能将剧本和其中的角色发挥得淋漓尽致的话,这个剧本会有多好呢?答案有时候是还不错,会是一个好剧本,但不值得为此花费一两年的生命。如果是这样,西蒙就不会写。

在生活中,总是为一些美中不足自寻烦恼的人很多,很显然,这种人

是在平白无故地消耗自己的精力,他忘了什么是不值得做的事,也忘了不值得做的事一定有不能做的道理。

不值得做的事情会让一个人误以为自己完成了某些事情。事实上,他只是对那些白费的力气沾沾自喜罢了。

卡莉·费奥瑞纳还在朗讯科技公司工作时,就被《财富》杂志评为年度美国商业界最有影响力的女性,并成了那期《财富》的封面人物。于是,众多猎头公司盯上了她,纷纷以种种诱人的条件,拉她去别的公司发展。她被这些诱惑搅得心烦意乱。她的人生导师朗讯科技公司的董事长却告诫她说:你必须自己拿主意要想清楚哪些职务邀请是你愿意考虑的。无论你的目标是什么,都不要浪费时间在不符合你的目标的事情之上。费奥瑞纳认清了自己的人生目标,没有为那些诱惑所动,最后终于成为世界最著名公司之一惠普的第一位女总裁。

不值得做的事情会消耗一个人的时间和精力。因为用在一项活动上的资源不能再用在其他的活动上,不值得做的事所用的每一项资源都可以被用在其他有用的事情上。

遗憾的是,我们大多数人在年轻时并不了解计划一旦开始要花费多少时间才能完成,也不了解我们的时间其实非常有限。

一个辞职的人在离开他的公司时曾写下了这样一段——"是时候了,该走了,该离开这个不能再让我振奋、再给我新知的地方了。我只是惋惜在那对我来说异常宝贵的逝去的时光中我做了许多浪费时间的事。我不想让自己的人生越来越狭隘,也不想继续花时间和心力在不值得的事情上。离开不是因为软弱,不是因为想要被认同,而是因为我要追求我自己的价值,追求值得我做的一切。"

这段话很发人深省,在现实生活中,我们常常能看到人性的一个弱

点:避重就轻。虽然知道哪个更重要,但总会找到各种借口和理由去躲避它。结果当然是:味淡的莲子尝了不少,却难得有机会去品尝那香甜的核桃了。

不值得定律告诉我们:人的生命短暂,时间有限,我们必须清晰地认识到哪些事情是最重要的,哪些事情是最值得做的。这样我们才不会拣了芝麻却丢了西瓜,我们的人生才不会那么庸俗,那么碌碌无为。否则,有一天我们终将发现我们所得的远远大于所放弃的东西。

如果你还有选择的机会,请你问问自己:你所做的事情,是否真的值得呢? 答案如果是不的话,那你千万别去做。

9.马蝇效应——给自己找一个竞争对手

没有马蝇叮咬,马慢慢腾腾,走走停停;有马蝇叮咬,马不敢怠慢,跑得飞快。这就是马蝇效应。

马蝇效应给我们的启示是:一个人或者一个企业,要想更好地生存和发展,就必须有一个竞争对手。也有人曾说过这样一句话:一匹马如果没有另一匹马紧紧追赶并要超过它,就永远不会疾驰飞奔。

北大心理学家引申说,一个人只有被叮着咬着,他才不敢松懈,才会努力拼搏,不断进步。如果总是怨天尤人,只想坐享其成,而不能知难而上,只想机遇垂青,而不思拼搏进取,是不会取得进步的。

有这样一个现实的例子。

在20世纪60年代和70年代早期,百事公司为了安身立命,给自己定下

了目标:击败可口可乐公司。可口可乐公司失去自己的市场领导地位后,如梦初醒,也进行了一次出色的创新。为什么呢?因为可口可乐公司新的管理层开始集中精力打败百事公司,而不仅仅是争取比过去做得更好。与可口可乐的进攻针锋相对,百事公司的管理层进一步强化了业已形成的积极进取的企业文化。两家公司你争我斗,结果创造了历史纪录:在接下来的5年中,软饮料业中的创新比以前20年间的创新还要多,整个行业增长了一倍,而且两家公司的市场份额都达到了历史最高水平。实际上这两家公司由于良性竞争的原因,已经达成了双赢的局面。

看完这个例子,我们知道找一个竞争对手的必要性了。没有竞争便没有进步,也没有明确而迫切的目标。

虽然竞争似乎有点无情,但它是公正的。没有一个人注定永远是弱者,弱者如果付出努力,就会化弱为强,而强者若不能自强不息,就会在竞争的大潮中一落千丈。勇于竞争,善于竞争,这是一件说来容易做来却很难的事。道理人人都懂,可真正实行起来,不少人难免畏而却步,因此,只有有胆识的人,才可能在竞争中脱颖而出。

当然,给自己找一个对手,并不是盲目地去寻找一位挑战者,我们必须要清楚,我们是进行公平而又合理的竞争,我们绝对不是在为自己寻找一位敌手,我们与对手之间的竞争应该是一种比赛,应该是光明正大的。它不应该具有某种侵略性和攻击性,更不应该将对手一拳打倒在地。

给自己找一个对手,说白了就是自己强壮自己,自己磨炼自己,自己给自己施加压力,并让一颗历经风霜雨雪的心,在跌宕起伏的岁月里,能够不断地迎接挑战,而其中所获得的一些经验与教训则可作为我们不断成长的养分。

对于每一个人来说,成长的过程就是成熟、进步和积累经验的过程,在这个过程当中必定会有竞争,有了竞争便会存在竞争对手,所以,我们

应该正确看待对手。对手实际上是在扮演着一个挑战者的角色,对手的存在对于我们来说是有好处的,因为它会督促我们进步,让我们无暇骄傲,力争上游,继续前进。同时对手也是一面镜子,和他对照,会让我们找到自身的缺点和不足,并及时予以改正。有时候对手给予我们的一次又一次考验,能让我们变得更加成熟,更加勇敢地面对困境。

对手不是敌人,两者有着本质的区别。当我们面对生命中一个又一个有形无形的对手时,不要逃避,更不能消沉和倒退,逃避对手就等于逃避进步。相信马蝇效应,给自己找一个竞争对手,这会让你变得更加强大。

10.期待效应——清晰的期望胜过一切暗示

1960年,哈佛大学的罗森塔尔教授曾在加州一所学校做过一个关于期待效应的实验。

新学期,罗森塔尔以及参与实验的人员,来到一所学校,他们以"未来发展趋势测验"为名,要求校长对两位教师说"根据过去三四年来的教学表现,校方认定你们是本校最好的教师。为了能够培养更多的优秀人才,也为了奖励你们,本学期,校方特地挑选了一些智商比同龄孩子都要高的学生让你们教,学校相信,有你们这些优秀的教师,加上这些高智商的学生,他们会变得更加优秀,但你们无须特例,只需像平常一样教他们即可。"这两位教师听后感到非常自豪,也更加努力地教学。

一年后,这两个班级中的学生是全校中最优秀的,成绩也比其他班学生的成绩要高出几倍。后来校长把这个真相告诉了老师,这些学生的

智商并不比其他学生高，他们是在学生中随机抽取的，他们两个也不是本校最好的教师，也是在教师中随机抽取的。

为什么会出现这样的现象？北大心理学家指出，这种用直接或者间接的话语、行为，期待将美好的愿望变成现实的心理，在心理学上称为"期待效应"的影响力，也就是直接告诉他人成为你想象中那个人的影响力。实验中，实验人员对校长的期待、校长对老师的期待，左右了教师对名单上学生能力的评价。而教师又通过这一心理活动，把这种积极的感情、语言、行为传递给学生，从而使学生因这种期望，萌生出自尊、自爱、自强、自信的力量，而成为优秀的学生。

北大心理学家说：心理学上的这种效应告诉人们，在人际交往以及为人处世中，要想有效地影响对方为自己办事情，就要对对方寄予某种期望并且要将这种期望通过言语表达出来，让对方知道你有这方面的期望，这利于对方产生出相应于这种期望的特性。无论是爱、称赞、感谢、期盼，还是其他，都应该说出来让对方知道。如果你认为只放在心里就行了，那就大错特错了。

对此，不妨看看卡耐基小时候的事情。

卡耐基很小的时候，他的亲生母亲就去世了。9岁那年，他的父亲给他娶了一个继母。继母进门的第一天，父亲便指着卡内基对继母说："他，你可要小心了，他是邻居们公认的坏孩子，也许以后最令你头疼的事情，便是他惹出来的。"

本来卡耐基对继母就有想法，所以产生了抵抗情绪，但继母的举动却让他感到意外。她走到卡耐基面前，用手轻轻地抚摸着卡耐基的头部，然后笑着责怪他的父亲说："你怎么能这么说呢？你看他现在多乖，应该是最聪明听话的孩子。"

继母的话让卡耐基感动万分，就连他母亲在世的时候，也没有这样

称赞过他。正因为这句话,在以后的日子中,他和继母相处得很好。

著名的心理学家杰丝·雷尔说:"称赞对温暖人类的灵魂而言,就像阳光一样,没有它,我们就无法成长开花。但是我们大多数人,只是敏于躲避别人的冷言冷语,而我们自己却吝于把赞许的温暖阳光给予别人。"生活需要像称赞一样直接明了的期望,因为这种期望更易于被人理解,也更易于让人接受。当人们完全地理解并接受了这样的称赞后,它能转化成无穷无尽的力量,也能够促使人们向着这个方向发展。

俗语言:"善意需要适当的行动表达。"事实就是这样,不只生活需要这样的期望,影响人更需要这种期望。因为当你试图影响对方做某件事情的时候,只有让对方完完全全地明白了你的意思,并懂得了你的期望,他才能更好地向着你期望的方向发展,也才能让你更好地影响对方。

第二课

心 商

——保持心理健康,化解不良情绪

1.减少不必要的猜疑

中国古代有一个"疑邻窃斧"的故事：一天，一个农夫忽然找不到自己家的斧子了，他思来想去，认定是被邻居给偷走了。

于是他开始悄悄注意邻居，发现邻居的行为果然十分异常：邻居走路的样子像是偷了他的斧子，说话的样子也像是偷了他的斧子。总之，邻居的一言一行都非常可疑。正当他想要采取行动时，斧子却在自家的柴堆下面找到了。他一下觉得自己凭空猜疑很对不起邻居。而这时他再去看邻居，一切都恢复了原样：走路不像偷了东西的样子，说话也不像偷了东西的样子。总之，邻居的一言一行都十分正常。

无独有偶，国外也有一个关于邻居和斧子的故事。

这个故事说的是：一个人打算向邻居借斧子，但又担心邻居不肯借给他，于是他在前往邻居家的路上一直在胡思乱想：

"如果他说自己正在用怎么办？"

"要是他说找不到怎么办？"

"……"

想到这些，这人自然对邻居感到不满：

"邻里之间应该和睦相处，他为什么不肯借给我？"

"假如他向我借东西，我一定会很高兴地借给他。"

"……"

这人一路上越想越生气,于是等到敲开邻居的门后,他说的不是"请把你的斧子借给我用一下吧",却张嘴说道:

"留着你的破斧子吧,我才不借呢!"

结果惹得邻居莫名其妙。

——以上这两个例子都属于无端猜疑。

北大心理学家解释说,猜疑本是一般人都会产生的心理,正常的疑虑能使人小心谨慎,防止偏差。假如一个人心中毫无疑虑,对人或事物没有丝毫戒备,做事就会莽撞,以至于吃亏上当。但凡事都应该有一个尺度,过分猜疑则会导致"多疑"这一病态心理。多疑不但会使人心胸狭隘,自我封闭,不易接受别人的意见,时间长了还会引起身体上的疾病。

罗贯中的《三国演义》中有这样一段描写:曹操刺杀董卓败露后,与陈宫一起逃至吕伯奢家。曹吕两家是世交。吕伯奢一见曹操到来,本想杀一头猪款待他,可是曹操因听到磨刀之声,又听说要"缚而杀之",便大起疑心,以为要杀自己,于是不问青红皂白,拔剑误杀无辜。这是一出由猜疑心理导致的悲剧。

猜疑是人性的弱点之一,历来是害人害己的祸根,是卑鄙灵魂的伙伴。一个人一旦掉进猜疑的陷阱,必定处处神经过敏,事事捕风捉影,对他人失去信任,对自己也同样心生疑窦,损害正常的人际关系,影响个人的身心健康。

那么,在人际交往中应如何消除猜疑心理呢?

第一,优化个人的心理品质。也就是说要加强个人道德情操和心理品质的修养,净化心灵,提高精神境界,拓宽胸怀,以此来增大对别人的信任度和排除不良心理的干扰。

第二，摆脱错误思维方法的束缚。猜疑一般总是从某一假想目标开始，最后又回到假想目标。只有摆脱错误思维方法的束缚，扩展思路，走出"先入为主""按图索骥"的死胡同，才能促使猜疑之心在得不到自我证实和不能自圆其说的情况下自行消失。

第三，敞开心扉，增加心灵的透明度。猜疑往往是心灵闭锁者人为设置的心理屏障。只有敞开心扉，将心灵深处的猜测和疑虑公之于众，或者面对面地与被猜疑者推心置腹地交谈，让深藏在心底的疑虑来个"曝光"，增加心灵的透明度，才能求得彼此之间的了解沟通、增加相互信任、消除隔阂、排释误会、获得最大限度的消解。

第四，无视"长舌人"传播的流言。猜疑之火往往在"长舌人"的煽动下，才越烧越旺，致使人失去理智，酿成恶剧。因此，当人们听到"长舌人"传播流言时，千万要冷静，谨防受骗上当，必要时还可以当面给予揭露。

第五，要综合分析被猜疑对象的长期表现，识破各种离间计。当我们开始猜疑某个人时，最好能先综合分析一下他平时的为人、经历以及与自己多年共事交往的表现，这样有助于将错误的猜疑消灭在萌芽状态。

2.化解嫉妒于无形

北大心理学家指出，生活不相信嫉妒，你的价值不会因为你的嫉妒而增加。你却会因为嫉妒而影响到自己的心情和声誉。这种不良情绪是心灵的毒药，是进取心的杀手，如果不注意控制，最终不但苦了自己，还会殃及无辜。

有一个人遇见上帝。上帝说:现在我可以满足你任何的一个愿望,但前提是你的邻居会得到双份的报酬。那个人高兴不已。

但他仔细一想:如果我得到一份田产,我邻居就会得到两份田产了;如果我要一箱金子,那邻居就会得到两箱金子了;更要命的就是如果我要一个绝色美女,那么那个要打一辈子光棍的家伙就同时得到两个绝色美女……

他想来想去总不知道提出什么要求才好,他实在不甘心被邻居白占便宜。最后,他一咬牙:哎,你挖我一只眼珠吧。

北大心理学家认为,嫉妒是一个人在个人欲望得不到满足而对造成这种现象的对象所产生的一种不服气、不愉快、怨恨的情绪体验。嫉妒心理是一种消极的、不健康的情绪或情感,产生嫉妒心理的原因至少有两个方面:一是不能接受别人比自己强的现实;二是权力欲、支配欲、占有欲强。

从某种意义上说,嫉妒是万恶之源,是人性的弱点,嫉妒几乎是人所共有的一种本能。但它又似乎极不光彩,人人都要把它当作一桩不可告人的罪行隐藏起来。结果,它便转入潜意识中,犹如一团暗火灼烫着嫉妒者的心。

人为什么会产生嫉妒?说到底,嫉妒其实是一个人自信心或能力缺乏的表现。黑格尔说:"嫉妒乃平庸的情调对卓越才能的反感。"嫉妒发生的根源往往是人们通过与他人比较来确定自身价值。当看到别人的价值增加,便会觉得自己的价值在下降,产生痛苦的体验,尤其是当比较对象原来与自己不分上下甚至不如自己时,更觉得难以忍受。

嫉妒很容易转化成为对所比较对象的不满和怨恨,进而产生种种嫉妒行为,要么寻找对方的不足将其贬低;要么散布无根据的谣言诋毁对方荣誉;甚至采取极端手段毁物伤人。有的人即使能控制自己不表现出

过激行为,但出于防御心理的需要,往往在对方面前表现出一种傲慢的、难以接近的面孔,用以维护自己的"自尊",其实自己内心非常自卑。

在日常生活中,嫉妒的存在是很普遍的。英国科学家培根就曾经指出:"在人类的情欲中,嫉妒之情恐怕是最顽强、最持久的了。"古今中外,因嫉妒引起人际关系紧张和冲突的事件不胜枚举。一些伟人及科学家在晚年为了保住自己的权威地位,表现出的嫉妒心理给人类造成的遗憾和损失更是令人痛心。

如牛顿嫉妒晚辈,压制格雷的电学论文发表;卓别林嫉妒有才华的导演,焚毁了唯一的一部《海的女儿》的电影拷贝;英国科学家戴维发现并培养了法拉第,然而,当法拉第的成绩超过戴维之后,戴维心中不可遏制地燃起了嫉妒之火。他不仅一直不改变法拉第实验助手的地位,还诬陷他剽窃别人的研究成果,极力阻拦他进入皇家学会,这大大影响了法拉第创造才能的发挥。直到戴维去世,法拉第才开始其真正伟大的创造。戴维本应享受伯乐的美誉,却因嫉妒心理阻碍了法拉第的迅速成长,不仅给科学发展带来了损失,也使自己背上了阻碍科学发展、使科学蒙难的恶名,留下了令人遗憾的人生败笔。

其实嫉妒心理只是一种心态表现,从过分的自我(自尊、自私、自爱等)心理引伸出来的。如果一个人放不下自私自我之心,就很难根除嫉妒心理。从这点来讲,现代人可能都或多或少有些嫉妒心理,只是表现角度和方式不一样,或隐或显或强强弱弱而已。

你觉得嫉妒心理过分强烈,已经影响到你的正常交往了,那就采取一些方法削弱它。

首先,尽量不要强迫自己与嫉妒心理进行对立,这样做有一定的负作用,一是会因此起烦恼,二是过分的关注反倒会对嫉妒起到一种加强作用,你能从道理上明白嫉妒的不必要就足够了。

然后放下对嫉妒的关注,我们可以试试"追根法"。

首先，正视并接受自己嫉妒心理的产生，因为它是你自己的心境和周围的事物撞击后发生的自然反应。接受这个现实而不再敌对后，你的身心就会较以前相对平静放松许多。

再者，当你和别人接触时意识到自己产生嫉妒心理时，就要反向思考。即思考自己为什么产生嫉妒心理，这种心理能不能给自己带来自己需要的进步？尤其是为什么产生嫉妒心理的反向思维，它能把自己的心理深层关注都挖出来。挖到最后会发现，嫉妒心理是我们深层心理需要得不到满足的外层反应。

到这时，你自己就会明白，不应以自己的内心需要而迁怒于别人，嫉妒别人不等于自己得到了想要的东西。这样一来，道理越来越明，嫉妒心理会越来越淡，最后达到心情的坦荡平静。

3.做一个适度的"妥协主义者"

在人生中，无论是对待工作、事业，还是对待自己、他人，我们不妨做一个适度的妥协主义者，而不要做一个完美主义者。因为完美主义者有可能什么事情也没有做成，而"妥协者"却会多多少少有些进展。

在我们的周围，有这样一些人，他们的智力很高，才智过人，工作能力也很不错，而且非常勤奋，一工作起来常常什么都有可能忘了。但是，他们就是出不了什么成果，眼看着比他们在各方面都差一些的人成果都十分显著了，而他们却依旧默默无闻。

一般来讲，这种人都是"完美主义者"。

你可能要问："完美主义"不好吗？

不好。如前所说，这些人之所以不能取得成绩，不能取得人生的成功，不是他们缺少能力，而是他们在做任何事情之前，都不能克服自己追求完美的痴情与冲动。他们想把事情做到尽善尽美，这当然是可取的，但他们在做一件事情之前，总是想使客观条件和自己的能力也达到尽善尽美的完美程度，然后才会去做。因而，这些人的人生始终处于一种等待的状态。他们没有做成一件事情，不是他们不想去做，而是他们一直等待所有的条件成熟，于是，他们就在等待完美中度过了自己不够完美的人生。

马明就是一个追求完美的人。一天，他想写一篇某一方面的论文，在开始写论文之前，他尝试了几种、十几种乃至几十种方案之后才动手去写那篇论文。这么做当然是好的，因为他可能在比较之中找到一种最佳的方案。但是，在开始写的时候，他又发现他所选择的那种方案依然有些地方不够完美，多多少少还存在着一些错误和缺点。于是，他又将这种方案重新搁置起来，继续去寻找他认为的"绝对完美"的新方案，或者，将这一论文的选题又放下，去想别的事情。最终，那篇论文也没能完成。

如果你不相信这一点，你可能从你的人生档案中找出自己拖延着没有做的事情、没有完成的项目或者课题。这样的事情你可能也会找出一大堆：搬了新家窗帘还没有装，所以没有请朋友来家里玩；这只现价三十元的股票原想等掉到五块钱再买，但它一直掉不到五块钱；等等。

归纳一下你会发现，你一直在等待所谓的条件完全具备，你好将它做得尽善尽美。可是，你会发现社会上同样的事情有些人的方案或者条件还不如你的成熟，但他们的成果已经问世，或者已经赚了一大笔钱，而造成这种状况的原因就是你也患上了"完美主义"的毛病。这就可以解释，为什么会有那么多表面看起来相当精明能干的人，到头来却一事无成，在人生的道路上坎坷颇多，进退维谷。

每个人身上都有或多或少的缺点:勇敢的人往往缺少智慧,聪明的人往往缺少勇气,豪爽的人往往心思过疏,谨慎的人往往怀疑过头,等等。一种阳光性格的另一面必然是阴影,所以,我们应做一个适度的妥协主义者。

4.学会原谅自己

很多人在犯错之后,不能原谅自己,甚至憎恨自己,进而影响到现在乃至未来做事的心情。如果憎恨过于强烈,就无法洗心革面,无法看到希望的曙光。不如反过来想一想,错误既然已经犯下了,再惩罚自己有什么用呢?而且你已经为此付出了沉重的代价,为什么还要搭上现在和未来呢?

当我们为曾经的错误付出了沉重的代价后,可不可以原谅自己呢?只有原谅自己,才能重新调整心情,开始新的生活。而那些无法原谅自己,始终对自己的过去耿耿于怀的人,得不到人生的幸福。

一位女士结婚3年,生下一个又白又胖的小男孩儿,家人皆大欢喜。尤其是一直生活在农村的公公婆婆更是笑得合不拢嘴,买了一大堆东西来看孩子。她当然也是高兴得很,想着一定要养育好孩子,以报答公公婆婆和丈夫。

可是,孩子刚刚满月的一天夜里,之前由于孩子一直哭她未能休息好,好不容易把孩子哄睡,她也很快进入了梦乡。可是,也许是她太累了,睡得太熟了,被子蒙住了孩子的头,她居然没有发现。等她发现的时候,孩子已经停止了呼吸。她顿时号啕大哭,大叫着:"是我害死了孩子!是我

害死了孩子!"一连几天几夜不吃不喝,就这样大喊大叫,任谁劝都不听。

最后,她疯了,整天抱着孩子的小衣服,小被褥,一会儿哭,一会儿笑。嘴里絮叨着:"我有罪,我该死……"

出现这样不幸的事,对于这样的打击,我们一般人一时确实难以忍受。但可怕的事情既然已经发生了,并为之付出了惨痛的代价,就应该原谅自己,承认事实,接受事实,总结教训,将自己从过去的痛苦中拯救出来。在神话里,连神灵都可以原谅自己,那么你我这等凡人为什么要和自己过不去呢?

每个人都希望自己的人生道路和事业道路能够一帆风顺,最好不要犯任何错误,其实这一观念是不符合自然规律的,只不过是人们自己的一厢情愿罢了。"人非圣贤,孰能无过?"无论是在工作中还是生活中,犯错本来就是难以避免的事情。关键不在于你犯的错本身,而在于你犯错之后的反应。

常常听一些人痛苦地说:"我永远无法原谅自己。"可是,不原谅又如何?那等于把自己推入了一个永不见底的深渊,从此再也看不到希望和光明。而世上没有"后悔药",谁也不能再改变过去,对自己的责怪只能加深自己的痛苦。

其实犯错本身并不可怕,可怕的是我们失去了直视它的勇气,更可怕的是我们从此失去做事的心情,以至于赔上了现在和未来。所以,切莫再抓住过去的伤疤不肯放手,赶快从自怨自艾的泥潭中跳出来,朝气蓬勃地投入到新的生活和事业中去吧!

只有真正从心底里原谅自己,才能驱走烦恼,让心情好转。学会原谅自己,不是给自己找借口,而是很平静地分析我们过去的错误,从而在错误中得到教训,做到"经一事,长一智。"

5.战胜自卑心理

凡是做不成事情的人，心中都有自卑感。这种人在无心无力做一件有挑战性的事情时，常用的借口是："唉，我能力太差！"这种人无法摆脱自卑的"纠缠"，也根本无法实现自己的理想。

而成大事者，首先要做的一项工作就是拒绝与自卑纠缠，一脚把自卑踩得粉碎。我们可以称之为"战胜自卑法"。做不到这一点，即使你是神仙，也会终身平庸。

有句话说："天下无人不自卑。无论圣人贤士，富豪王者，抑或贫农寒士，贩夫走卒，在孩提时代的潜意识里，都是充满自卑感的。"但你若想成大事，就必须战胜自卑感。

建议你不妨利用以下所提供的方法开始消除自卑。

1)正确地认识自卑感的利与弊。有的人把自卑心理看作是一种有弊无利的不治之症，因而感到悲观绝望，自暴自弃。这是一种不正确的认识，它不仅不利于自卑者的前途，反而会加重自卑心理。其实，比起狂妄自大的人，自卑的人都很谦虚，善于体谅人，不会与人争名夺利，安分随和，善于思考，做事小心谨慎，稳妥细致，重感情，重友谊。自卑者应当充分利用这一有利位置，增加生活的勇气和信心。还应认识到，若克服了心理上的这种障碍，自己将更有前途。

2)正确地评价自己。不仅要看到自己的短处，也要客观地看到自己的长处；既要看到自己不如人之处，也要看到自己的过人之处。俗话说，"比上不足，比下有余"嘛。谁都有缺点和不足，只要能想方设法克服缺点和

不足就行。这样就可以增强自信心,减轻心理压力,扔掉包袱轻装上阵。

3)正确地表现自己。有自卑感的人不妨多做一些力所能及、把握较大的事情,并竭尽全力争取成功。成功后,及时鼓励自己:"别人能做到的事,我也做到了!"当面对某种情况感到信心不足时,可以用"豁出去"的自我暗示来放松心理压力,反倒能够充分发挥自己的潜力,获得成功。

4)正确地补偿自己。为了克服自卑感,可采取两种积极的补偿途径:一是以勤补拙。知道自己在某些方面赶不上别人,就不要背思想包袱,而应以最大的决心和顽强的毅力,勤奋努力,多下功夫,下苦功夫。二是扬长避短。有些残疾人虽然生理上缺陷很大,又失去了自由活动和交际的空间,似乎发展空间极为有限。但有志者事竟成,高位瘫痪的张海迪的成功之路就是一个明显的例证。她身残志不残,酷爱音乐、医学、文学,以10倍于常人的毅力在多方面有所建树。

5)正确地对待挫折。遭受挫折和打击,这是人人难免的。但人的承受能力不同。性格外向的人过后即忘,性格内向的人容易陷入其中。这时就应当注意凡事不要期望过高,要善于自我满足,知足常乐。无论学习或工作,目标不要定得太高太死,不然就容易受挫折。

6.不可忽略亲和力

北大心理学家指出,作为一个人,无论你的性格多么内向,多么喜欢独处,都不可能将自己完全封闭起来,与周围的一切断绝任何来往。你总是在不知不觉地与人打着交道,而人们的思想、习俗也在潜移默化地影响着你。

假如你独居，看似不与人接触，其实不然，一会儿邻居或房东就要来收水电费、房费，你势必要与他们说上两句。你的食品、衣服、家具，也必须去商场购买，为了争取货真价实，物美价廉，还要陪上几句好话。你若没有正式单位，必是私营，为了赚钱，你要与许多人交往；你若有单位，就要面对上下级的关系；你若两者都没有，也得有人供养你，你要与供养人相处……总之，能够完全脱离社会、脱离群体的人是不存在的，也是无法存在的。

社会中的绝大多数人，往往愿意或喜欢与他人交往，以朋友多而自豪。这种愿意或喜欢与他人交往的本能，就是亲和力。

儿童依恋父母，老人眷念儿女，兄弟姐妹相帮相助，人们就是在这种相亲相偎的关系中，培养才智，增长力量，战胜困难，取得成绩，最终走完自己的人生旅程。这种亲和力，既是使情感归依的起因，也是激发人际交往的动力，它对平衡人类心理，克服势单力薄之不足，起着很好的调节作用。

在现实生活中，人们之间总要或多或少，或直接或间接地发生着联系。独立自主、自力更生虽然可以解决一部分衣、食、住、行等方面的问题，但更多时还是要依靠他人的帮助。

荀子曾说过："人力不若牛，走不若马，而牛马为之用，何也？曰：人能群，彼不能群也。"荀子的这段话，道出了人类在同大自然作斗争中，团结就是力量的真理。人类凭借亲和力，使自己坚强而有力地屹立在大自然的面前。人的这种求生动机，是亲和力的表现之一。

人类在向外界索取自身需要时，将会遭致自然或社会各方面的阻力，单凭个人的力量是难以抵御外界的干扰或侵害的，此时必须借助他人的助力，方能求得安全的保护。这种安全意识，在现代社会中显得尤为重要。当人们没有多少财富时，希望能够获得好的职业或收益，以便生活得更好；当人们有了钱财时，又希望社会各项措施到位，为自己提供财产保护。人们无时无刻不在关注着自身的安全，财产的安全。这种对安全的需

要,使人们自愿融入群体之中,希望通过集体的力量来战胜对于不安全的恐惧。人的这种安全动机,是亲和力的表现之二。

人都有七情六欲,情感有喜怒哀乐,丰富的感情世界使人类产生归属动机。当人们有了喜悦与悲伤,往往急欲找人倾吐,以求得到理解与宽慰,使情感有所寄托。归属动机,是亲和力的表现之三。

那么,亲和力又是怎样产生的呢?

心理学家斯坦利·沙赫特曾做过一项实验,将5名自愿者分别隔离在5间屋子里,在提供住宿的情况下,使其与外界隔绝。结果坚持时间最短的是20分钟,坚持时间最长的是8天8夜。他们都感到孤独,很难受,心理很紧张。这项实验表明,亲和倾向源于人的本能,是人类与生俱来的。人类喜好合群,组织家庭,建立各种社会组织,便是极好的明证。孤独使他们恐惧,离群使他们害怕,长久的隔离,会使他们的心理状态变异,成为不正常的人。出于本能,人们相互亲近,其目的是生存。生存的需要,是亲和力产生的条件。

心理学家赫布的"理想水平说"认为,人类的亲和倾向是出于功利性目的。人们通过亲和,可以达到个人的目的,对自身也是一种报偿。暂不论其他,有一点是值得肯定的,人们的亲和虽源于本能,但却是有目的的,人们通过联合,同自然界、社会作斗争,为生存创造条件。人与人之间的社交,在付出的同时,也在索取,实际上是进行着时间、金钱、劳动等方面的交换。正是在社会交换的作用下,人类社会才不断地进步与发展,人与人之间的关系才日益亲密合作。

亲和力使人类产生巨大的凝聚力,在现实社会生活中发挥着不可估量的影响与作用。人类社会的进步与发展,与人们之间的团结友爱、互相帮助密不可分。就个体而言,亲和力加速了一个人的社会化过程,

使他从诞生之日起就浸泡在关怀、爱护的亲情之中，一点一滴地受到熏染，得到强化与培养。

亲和力有利于个体的身心健康，减少心理障碍产生的概率。人们社交的范围越广，精神生活就越丰富，亲和力就越强，心理发展就越平衡。亲和力是培养良好个性、求取知识、获得事业发展必不可少的重要条件，是建立友谊、发展友谊的坚强动力。只要亲和力动机纯正，就会赢得许多朋友，就会在人生的道路上一帆风顺。

7.抱怨别人不如反省自己

有这样一则古老的寓言：一个年轻的农夫，划着小船，给另一个村子的居民运送自家的农产品。那天的天气酷热难耐，农夫汗流浃背，苦不堪言。他心急火燎地划着小船，希望赶紧完成运送任务，以便在天黑之前能返回家中。突然，农夫发现前面有一只小船，沿河而下，迎面向自己快速驶来。眼看两只船就要撞上了，但那只船丝毫没有避让的意思，似乎是有意要撞翻农夫的小船。

"让开，快点让开！你这个白痴！"农夫大声地向对面的船吼叫道，"再不让开你就要撞上我了！"但农夫的吼叫完全没用，尽管农夫手忙脚乱地企图让开水道，但为时已晚，那只船还是重重地撞上了他的船。农夫被激怒了，他厉声斥责道："你会不会驾船，这么宽的河面，你竟然撞到了我的船上！"当农夫怒目审视对方的小船时，他吃惊地发现，小船上空无一人，听他大呼小叫、厉声斥骂的只是一只挣脱了绳索、顺河漂流的空船。

美国成功哲学演说家金·洛恩说:"成功不是追求得来的,而是被改变后的自己主动吸引而来的。"的确,在工作中,总有很多的"别人"让我们很郁闷。这种郁闷可能是因为他们和你融不到一起,可能是他们不欣赏你,可能是他们不喜欢你,可能是他们不重视你,但是,与其抱怨别人,不如改变自己。

我们大多数人最爱犯的毛病就是:当事情不顺利时,首先就去埋怨别人,而从不检讨自己。

一位管理专家在一次培训课上问他的学生——一些高级管理人员:"如果买了几条鱼回家,你出了趟门,回来后发现鱼被猫偷吃了,你觉得应该怪谁?"

毫无疑问,几乎所有的学生都觉得怪猫。

管理专家笑了笑:"猫当然有责任,但除了责备猫,你更应该责备自己,因为猫吃鱼是它的本性,你明知猫会偷吃鱼,却不加任何防范,导致了事故的发生,所以你也是有责任的。同样的道理,在企业管理的过程中,你明明知道人性有弱点,却不加防范,或者对一个人的了解不够深就重用他,一旦出了大错,首先应该检讨自己。"

学生们听了,默然点头。

人们在工作中遭遇不顺的时候,往往会努力为自己开脱,将原因归结为他人或者环境的不是,而从来不会从自己身上找原因。

项目延期了,是因为其他同事拖了你的后腿;工作不顺利,不是自己不拼搏而是因为上司不赏识……他的眼里只看得到他人的不是,从来就不曾想过自己有什么过失。

与其抱怨别人,不如反省自己:我哪方面有欠缺?我什么地方做得还不够?当你学会了检讨自己,你就会有更多的收获和更大的提升。

8.说服自己可以不焦虑

我们生活在一个越来越没有安全感的世界,担心考学,担心找工作,担心职位不稳,担心股市下跌,担心孩子教育,担心老无所依。我们的焦虑似乎总是有理由,我们的焦虑又似乎总是没来由。焦虑,到底从哪里来?

静茹已经三十一岁了,家里人都为她的终身大事而心急如焚,但她却对结婚没什么太大的渴望,反倒是更想成为公司认可的女强人。当然,大方、积极的她已经在公司被视为前途无量的重点培养对象了。

可是不久前,一个新人的企划案赢得了公司领导的信任,而静茹的企划案则榜上无名。自从这件事发生以来,静茹发现自己很难与别人对视,特别是在上司面前很容易脸红,而且一边心跳加快,一边冒冷汗。就连在他人面前发表意见时静茹也会非常紧张,手心出汗,有时还会有一种想逃避的冲动。就像小孩子一样,她会被一句话弄得手足无措,异常焦虑,连坐地铁时也会感到非常憋气。她自己也不理解,为什么和朋友说话时也会害怕,为什么对一丁点儿的事情都这么敏感,连她自己都觉得自己这样子很傻。

焦虑是现代社会的通病——金钱、子女、健康,总有烦心事让人坐立不安。在这些都看似客观存在的重重压力下,怎样不焦虑成为了一个伪命题,不过,北大心理学家们并不这样认为。

首先,焦虑并不都是坏事,适度的焦虑有时可以调动大脑的资源,更

有效率地应对挑战。但过度焦虑,也会摧毁人的意志,让人在抵达终点之前就早早倒下。

有一句话说:"抑郁的人永远活在过去,而焦虑的人永远活在不确定的未来。"因为我们总是下不了决心要选择哪个计划去执行,所以我们总也无法控制事情的发展。事实上,杞人忧天式的性格并非无可救药,我们还是有很多办法可以与之斗争的。

首先努力搞清你焦虑时究竟在害怕什么? 财富、成就、爱情、梦想、幸福,这些也许是我们一辈子都与之奋斗的。每一个看上去都那么重要,每一个都那么渴望……也许你最后也没能牵到那个女生的手,但是你付出了就不会有遗憾;也许你最后还是默默无闻,但你曾经为了梦想而努力奋斗;也许你最终也没能环游世界,可你却在实现梦想的途中找到了自己。

然后,将担忧的内容具体化,然后拿出实际行动来解决其中至少一个,不管未来怎么样,先从控制眼前的事情做起。渐渐地,你的思考和行动能力会越来越强大,无论面对怎样未知的情况,保持镇定将不再是什么难事了。

你的焦虑,与什么有关? 对外来说,也许是无尽的诱惑;对内而言,也许是熊熊的欲望;也许千帆过尽,你才发现,也许很多东西,其实跟你没有关系。你所追求的只是简单的快乐——几万年岁月皆如水逝、云卷、风驰、电掣,无不尽去,更何况,短暂的如今!

如果你还感到焦虑,那些就去那些让你焦虑的事情,解决掉它。生活的智慧是逼出来的,知道困境不可改变,只能倘然接受,这也是智慧。

如果某一刻,你感到特别的焦虑,你还可以按照以下的方法进行调节。

1)放慢呼吸频率,从头到脚放松身体原来的行为。

2)聚精会神地勾画一幅令人放松的情景,想象自己身临其境。

3)找个感兴趣的事情去做:下棋、打球、散步或找人聊天等。

4)将注意力集中到其他事情上,试着观察细节。

5)回忆处理类似局面的情景，或回忆过去经历成功时的喜悦。

6)倒数数字或倒叙让你感到高兴或平静的事。

7)回忆一个美好的事情，让你重新体验快乐的感觉。

8)考虑一件你感兴趣的事，做详细的计划。

9)积极进行认知强化："我能克服焦虑、焦虑并不危险。"

10)深吸一口气，尽量延长屏气时间，慢慢呼气。

9.勇敢正视内心的不安全感

　　每个人都有一种内在的声音，它的任务是可以帮助引导我们、保护我们，当然有时候也是提醒我们、警告我们。如果我们听从自己内心的声音，就会有种被领导赏识的满足感；如果我们违背了它，内心就会有着或多或少的不安全感。

　　这种内心的声音是我们一辈子最好的导师，也是我们最好的朋友，它总是会在我们最需要关注的时候出现。它会给我们勇气，给我们鼓励，也给我们力量。它如同一双有力的手，可以把一个人从曾经巨大的伤痛中拯救出来。

　　奥普拉·温费瑞，美国电视脱口秀女王，虽然她长相平平、肤色黝黑、身体肥胖，笑起来大嘴一咧，一生与美貌无缘，然而就是这样一个看似平常的女人，她主持的脱口秀节目却在一百多个国家播出，并连续十六年稳坐美国日间电视谈话节目的收视率榜首。她还是美国第一个黑人亿万富翁，在2005年度《福布斯》"百位名人"的排行榜的评选中赫然占据头把交

易,把麦当娜、安吉丽娜·朱莉等这一大串光彩照人的女性甩到了后面。

从曾经贫困、堕落的黑人孩子,到坐拥亿万财富的世界名流,奥普拉的人生经历感动和激励了无数人。对全世界的观众来说,她就是创业成功的典范。

奥普拉打动人们的绝不仅仅是她的非凡成就和耀眼光环,而是她敢于在公众面前正视自己不堪回首的"童年创伤"。在镜头面前,她公开承认自己十四岁那年未婚生子,婴儿出生两周后夭折;在媒体采访她时,她毫不讳言地承认自己曾经吸食可卡因的经历,甚至在自己的节目里她还坦诚在自己九岁就被强暴的惨痛过往。这些被普通人看作是"重大耻辱"的疮疤,奥普拉却勇敢地袒露在她的3000多万的观众面前。

这位被美国《名利场》杂志评价为"在大众文化中,她的影响力可能除了教皇以外,比任何政治家或宗教领袖都大"的传奇女性,童年真的非常不幸,她是未婚妈妈所生,被父母遗弃,被男人强暴,少女早孕,吸毒堕落……可以说,这个世界上没有哪个小女孩像她那样,在十五岁之前就经历了这么多的人生悲剧。如果换一个人,她这辈子就彻底毁了,可是奥普拉并未走向沉沦,她凭着"一个人可以非常清贫、困顿,但不可以没有梦想"的执着信念,实现了从丑小鸭到白天鹅的美丽蜕变。

那么她到底如何做到这一点的呢?换言之,一个私生女,一个曾被男人残忍侵犯过的小女孩,是如何走出了童年巨大的阴影呢?

在奥普拉的奋斗历程中,有一点必须引起我们的注意,那就是从少女时代起,她一直不间断地记日记,记录下她生活的点点滴滴,更重要的是她对人生的种种感悟。在某种程度上日记是她最好的倾诉伙伴,也是她最好的心理医生,在她最低谷、最迷茫、最彷徨的时候,日记承受了她身上的全部伤痛,也给了她心灵最佳的抚慰。

这就是心理医生认为的与内在的自我对话的最佳方式。这种方式让

奥普拉重建了内心的安全感,也让她慢慢找到自信。

在日记里奥普拉不止一次告诫自己:要对自己的幸福负责,就要经常听取内心的声音,"你怎么知道自己所做的是对的呢? 你的内心是你人生的导航系统。当你应该或者不应该做某事时,你的内心会告诉你怎样去做。关键是面对你自己,面对你自己的内心。我所做过的所有正确的选择,都是源自自我内心的;而我所做过的所有的错误选择,都是因为没有听取来自我内心的声音"。

奥普拉敢于在记者面前、在自己的节目里裸露自己的伤痕,跟她在日记里勇于解剖自己、拥抱自己是一个道理。她把演播室当成了日记本,她把所有热爱她的观众当成了自己最需要的朋友。

现实中,有些人拿金钱、名声、权力当作挡箭牌,似乎只有这些东西才可以让他们逃离苦海。其实,它们就像毒品一样,可能会让人短时间内获得快感,但却无法让人长久地抓住幸福,而且一旦清醒过来会更加痛苦。

德国著名心理学家艾克哈特·托利说过:"任何沉溺上瘾都源自你无意识地拒绝过去而面对和经历的痛苦。"沉溺于金钱、名声和权力给你带来的快感,跟沉溺于毒品在本质上是一样的。一个总是追求外在表现的东西比如金钱、名利、地位,通常源自内心最深的不安全感。包括有些女孩子感觉孤独的时候,想通过寻找一段爱情来掩饰自己的不安;有些"物质女"或"拜金女",想通过傍大款来摆脱内心对贫苦的恐惧,都是一种饮鸩止渴。因为这种孤单和恐惧并非通过这样的寻找就能解脱,反而会愈演愈烈。

所以,当一个人面对恐惧的时候,回避、抗拒、掩饰都无济于事,只有迎向恐惧,直视恐惧,才是化解恐惧的第一步。

你感到痛苦吗? 没关系,请你与痛苦在一起;你感到无助吗? 没关系,请与无助在一起。认清自我,正确对待内心深处的善与恶,才能消除内心的冲突。面对恐惧,没有办法,只要正视它的存在,然后无所畏惧地穿越过去,就可以了。

第三课

沟　通

——1句话说动人心

1.让对方说话,非常重要

人与人之间的交流是双方的沟通的最佳方式。最忌讳的是对方始终沉默不语。那么如何打开对方的话匣子呢？最好的方法是提问。仅仅自己不断地说话,是无法了解对方关心的问题的,所以让对方说话,非常重要。

通过提问,使得我们对别人的需要、动机以及正在担心的事情,具有一种相当深入的了解,有了这样的答案,他人的心灵大门也就对你敞开了。

凤凰"名嘴"阮次山在《风云对话》中,访谈新西兰新上任的年轻帅气总理约翰·基时,开场白是这样的:"听说您的手臂摔伤了,现在好些了吗？"

总理笑笑答道:"已经没事了,我当时是在一个庆祝中国牛年新年的活动中,不小心滑了一下,用手撑地,就骨折了。他们给我打了石膏,后来这个石膏拍卖所获得的款项都已经捐给了慈善基金会。"

"您确定已经没事了？"

"哈哈,没事。"约翰还随手做了活动手臂的动作。

这种高端访谈本来就是很具有严肃性、政治性的,但是阮次山却运用了这样的一个关心身体健康的问题作为开始,既把双方都带入了一个轻松的环境,让对方放松,以有利于随后的访问,又让对方的回答能够表现出他对中国的友好和他对慈善的关心和贡献。

伏尔泰说:"判断一个人凭的是他提出的问题,而不是他的回答。"确

实,问题提得好,是高明说客的一项标志。这类提问,有助于人们整理自己的思想和感受。

我们要善于提出一些问题,然后用心地倾听他的答复。除了用心倾听之外,还要不时地插入一些问题以便进一步询问。从而掌握主导权,一步一步借题发挥。

一位靓丽的"摩登女郎"在一个首饰店的柜台前看了很久。售货员问了一句:"这位女士,您需要买什么?""随便看看。"女郎的回答明显缺乏足够的热情。可她仍然在仔细观看柜台里的陈列品。此时售货员如果找不到与顾客共同的话题,就很难营造买卖的良好气氛,可能会使到手的生意溜走。细心的售货员忽然间发现了女郎的上衣别具特色,就称赞道:"您这件上衣好漂亮呀!"

"啊?"女郎的视线从陈列品上移开了。

"这种上衣的款式很少见,是在隔壁的百货大楼买的吗?"售货员满脸热情,笑呵呵地继续问道。

"当然不是,这是从国外买来的。"女郎终于开口了,并对自己的回答颇为得意。

"原来是这样,我说在国内从来没有看到这样的上衣呢。说真的,您穿这件上衣,确实很吸引人。"

"您过奖了。"女郎有些不好意思了。

"只是……对了,可能您已经想到了这一点,要是再配一条合适的项链,效果可能就更好了。"聪明的售货员终于顺势转向了主题。

"是呀,我也这么想,只是项链这种昂贵商品,怕自己选得不合适……"

"没关系,来,我来帮您参谋一下……"

聪明的售货员正是巧妙运用了提问的艺术,"您这件上衣好漂亮呀……这种上衣的款式很少见,是在隔壁的百货大楼买的吗?"搭起"相

识"的桥梁。然后顺势引导那位陌生的女郎,最终成功地推销了自己的商品。

这就需要我们找对那把"钥匙",来打开对方的"话匣子"!

比如,你要和一名医生谈话,而你对医学完全是门外汉。这时,你就可以用提问的方式来打开局面。"近来食品添加剂的事情越来越让人揪心,不知道这些食品添加剂会对我们的身体有什么不好的影响?"一个和时令或新闻有关的问题,同时又切近对方的工作,这样一来,就可以和对方谈下去。可以往下谈的内容很多,从食品添加剂,谈到对身体的影响,谈到日常饮食的注意事项和保健……只要他不厌烦,就可以一直引导他谈下去。

如果我们碰到的是一个房地产经纪人,就可以问他"近来国家宏观调控下的房价走向如何?"

如果碰到家电业的人,则可以请教他"国产电器和日本电器、欧美电器相比,性价比如何?"

如果我们碰到的是教师,我们可以问他"学校的情况怎么样?"

……

假若你的一个话题使对方产生了浓厚的兴趣,那么无论他是一个如何沉默的人,他都会发表一些言论的。因此如果你在谈话过程出现停滞,一定要想法寻找并且不断地激起对方的兴趣,使谈话能够一直持续下去。

当你对做父母的人称赞他们的孩子,甚至表示你对那孩子感兴趣时,那么孩子的父母很快便会成为你的朋友了。给他们一个谈论其孩子的机会,则他们就会很自然而又无所顾忌地滔滔不绝了。

如果你有足够的信心和超人的勇气、主动、热情地同他人说话、聊天,通过提出恰当的问题,让对方有话可说,乐意开心地诉说,而你要学会在话语中逐渐摸索、试探并取得有用的信息,成功肯定属于你。

2.有时绕个"圈子"说话,就能少碰"钉子"

在日常交际往中,有些人说话直言快语,这种人是非常真诚的,也是非常受欢迎的。但有时候,如果其说话的方式和效果并不佳,轻者损害人际关系的和谐,重者造成麻烦,违背言语交际的初衷。而有时有意绕开中心语题和基本意图,采取外围战术,从无关的事物、道理谈起,即"兜圈子",这样做往往可以收到非常理想的效果。

一位哲学家说过:"懂得绕弯子的人,才有可能是达到成功顶点的人。"

为了不碰"钉子"并达到自己的目的,你不妨试着学会多绕几个"弯子"。"绕弯子"并不是放弃,也不是后退,而是为了更快地接近目标。在绕弯子的过程中,我们会发现距离目标越来越近。在很多情况下,即使"绕弯子",机遇也不是很多,稍不留意就让机会如白驹过隙般溜走,正所谓"机不可失,时不再来",就像一个人想从迷宫绕出来时,退路已被堵死一样。不是机会太少,而是我们不懂得珍惜它们。

一位编辑向一位名作家邀稿。那位作家是一位不爱说话、不善于交流之人,于是,这位编辑在去他家之前,心中总有一些不安与紧张。

刚开始的时候,无论作家说什么话,这位编辑都说"是,是。"或者"可能是这样的。"始终无法开口说明要求他写稿的事。于是,他就已经准备好了改天再来向他说明这件事,今天只是随便聊聊就结束这次拜访。

突然间,他脑中闪过一本杂志刊载有关这位作家近况的文章,于是就

对作家说:"先生,听说你有篇作品被译成英文在美国出版了,是吗?"作家猛然倾身过来说道:"是的。""先生,你那种独特的文体,用英语不知道能不能完全表达出来?""我也正担心这点。"于是他们之间就这个话题滔滔不绝聊了起来,气氛也逐渐变为轻松,最后作家答应了他的要求。

这位作家是一位非常不爱说话的人,但到最后为什么会为了编辑一席话,而改变了原来的态度呢?因为他认为这位编辑并不只是来要求他写稿,而且又读过他的文章,对他的事情十分了解,所以不能随便地应付。在求人办事的过程中,要想使别人替你办事,就要像这位编辑一样学会多兜圈子,不要直接提出自己的请求,到时机成熟后再提出,这样会使对方更容易接受。

法国作家勒农说:"你不要焦急!我们所走的路是一条盘旋曲折的山路,要拐许多弯,兜许多圈子,时常我们觉得好像是背向着目标,其实,我们总是越来越接近目标。"当你无法前行时,不妨变通一下,用另一个方法来获得成功。只有学会兜圈子,懂得绕道而行的人,才可能会走向成功,在成功的路上才不会碰钉子。

3.适当地运用恭维的手段

喜欢听好听的话,而不是真实的话,这是人最大的毛病。所以,我们讲话的时候,如果不加上适当的恭维,对方根本听不进去。讲话首先要让对方听得进去,否则就是白费唇舌。对方听不进去,你的话再对、再真诚也没有用。

适当地恭维对方是有礼貌有教养的表现。只有制造出良好的情感氛围,使双方在心理和情感上靠拢,缩短双方之间的距离,才能更有利于你和他人友好地合作。现实生活中,无论你是与朋友还是客户交谈,不妨多谈谈对方的得意之事,这样容易赢得对方的认同。如果你的赞美之辞恰到好处,他肯定会高兴,并很快对你产生好感。

恭维与奉承不同,前者是社交中的必要手段,是与人建立良好沟通环境时所使用的一种赞扬的话语。而后者则是令人反感的讨好与拍马溜须的行为,含贬义的意味。

你与他人初次见面,大家并不了解你的性格,你给人的印象好坏便取决于你说话是否让人受用。人人都喜欢听好话,听对方赞美的话,所以为了双赢的效果,在人际交往中适当地运用恭维的手段是必要的。

小彤是一家化妆品公司的推销员。某天她去拜访客户刘姐,刘姐是个性格比较独立的人,那天正好和老公刚从广西旅游回来,小彤刚到的时候,看见刘姐在门口堆了一些户外装备。

小彤就说:"呀,刘姐,去旅行了?"刘姐随意地答了一声:"刚从桂林回来。"

小彤又接着说:"真羡慕你们,我也很喜欢户外旅行,但是一直没有机会。"

刘姐笑了笑说:"我们也是抽时间去的,平时没时间,只有放假才能出去。"

"那边应该很热吧,不过刘姐的皮肤好,还和原来一样,一点也没晒黑。"至此打开话题,之后两人聊得越来越投机。

当然,小彤的生意也就顺利地做成了。

但是,凡事要有个度,如果你过了这个度,恭维就成了讨好、巴结、拍

马屁了。不但没有达到你预期的效果,更有可能适得其反。

蕾蕾是一家化妆品公司的推销员,王女士是她所有客户里比较重要的一位,因此她非常珍惜,并且每次在拜访王女士的时候,都会想方设法地说一些好听的话,让对方高兴。某一天,她又去王女士办公室送对方订购的产品。

看到对方办公桌上有些图案,她就没话找话地说:"王姐,您这办公桌真好看,还有艺术涂鸦啊!"对方瞅了她一眼,扑哧笑了,并且态度有些不大友好地说:"你的眼睛近视多少度啊,那是划痕。"一时间,蕾蕾感觉非常尴尬,恨不得找个地缝钻进去。之后,她再也不敢轻易说一些奉承对方的话了。

诚然,蕾蕾只是一时眼拙闹了笑话,但是,倘若你无意间说了一些不着边际的话,让对方听了会觉得你是在讽刺他,那恭维的效果就会完全变了味道。

相反,假如你说的恭维别人的话恰如其分,不但没有拍马屁的嫌疑,还让人觉得你是个会说话的人,并且也会喜欢和你谈话。

假如你和别人聊天的时候,对方说"你的眉毛真好看,是你自己修的吗?""你说话的声音真好听。""听说你徒手抓到了小偷,你真牛!"让你心里忽然感觉有些暖暖的,这便预示了你在别人面前突出了自己的优点,让你会产生成就感。

一个特别爱"面子"的人,如果你多对他说一些恭维话,让他觉得"有面子",就会心甘情愿地替你做事情。

举个例子,当你的主管讲完一句话,你马上说:"这样做最好,这真是明智的决定。"这不是拍马屁是什么?所有人都认定你是在拍马屁,连你的主管都会觉得不自在。但是,当你的主管讲完话,你稍微停一下,说:"这

么一来，我所有的问题都解决了……"你这就是在恭维别人，因为你说的是事实。

一个人嘴巴甜一点，说出来的话人人受用，这样才能受欢迎，才能在你的朋友圈子里、职场生涯中，或者其他一些社交场所处于主动地位。在说话上下点功夫，多说恭维话，并且学会区分恭维和奉承的不同，谈吐恰到好处，效果必定也会恰到好处。在人际圈里，你也可以成为一个完美的社交达人。

4.多在第三者面前去说别人好话

假如有一位陌生人对你说："某某朋友经常对我说，你是一位很了不起的人！"相信你感动之情会油然而生。那么，我们要想让对方感到愉悦，就更应该采取这种在背后说人好话的策略。因为这种赞美比起一个人当面对你说"先生，我是你的崇拜者"更让人舒坦，更容易让人相信它的真实性。这种方法不仅能使对方愉悦，更具有表现出真实感的优点。

赞美他人，是一件使人与人之间感情融洽的、于人于己有益无害的事情。真诚地、恰当地赞美他人，则好似增强人与人之间友谊的润滑剂，使自己容易被人接受。如果我们与人交往时易被人接受，易使人亲近，这无疑给我们增添许多信心，使我们更大胆地说话，更有勇气参加社交活动。所以，从某种意义上说，能够艺术性地、中肯地赞美他人，也会增添我们说话的信心和魅力。

环顾你的周围，你就会发现大家除了某些共有的缺点之外，我们每个人都拥有一些别人所没有或不能拥有的优点：小王是把钱看重了一点，

但他富有正义感;小李文化不高,但言谈比一些大学生还要得体;小张不会跳舞,但歌唱得非常好⋯⋯也许在我们的办公室中,我们的同事就有一些我们想学学不到、想模仿模仿不了的优点;他成天快乐,我则是一脸苦相;她口齿伶俐,而我呆嘴笨舌⋯⋯

无论如何,在饭局上,人往往喜欢听好听的话,即使明知对方讲的是奉承话,心里还是免不了会沾沾自喜,这是人性的弱点。一个人听到别人说自己的好话时,绝不会感到厌恶,除非对方说得太离谱了。

以下是两个最简单的赞美方法。

夸人减龄

芸芸众生每一个人都希望自己永远年轻。因此成年人对自己的年龄非常敏感。

由于成年人普遍存在怕老心理,所以"夸人减龄"就成了讨人喜欢的说话技巧。这种技巧在于把对方的年龄尽量往小了说,从而使对方觉得自己年轻,养生有术等,产生一种心理上的满足。比如一个三十多岁的人,你说他看上去只有二十多岁,一个六十多岁的人,你说他看上去只有四五十岁,这种说法对方是不会认为你缺乏眼力,从而对你反感的,相反,他会对你产生好感,形成心理相容。

"夸人减龄"这种方法只适用于成年人(特别是中老年人),相反,对于幼儿、少年,用"逢人增岁"(年龄往大了说)的方法效果较好,因为他们有一种渴望成长的心理。

遇货添钱

货,就是购买物品。买东西是再平常不过的日常行为。在我们的心中,能用"廉价"购得"美物",那是善于购物者所具有的特质,那是精明人的一种象征,虽然我们不会这种技能,而且也不可能人人都是精明购物者,但我们还是希望我们的购物能力得到别人的认可。因此,当我们买了一件物品之后,如果花了50元,别人认为只需30元时,我们就会有一种失落

感,觉得自己不会买东西。但当我们花了30元,别人认为需要50元时,我们则有一种兴奋感,觉得自己很会买东西。由于这种购物心态的存在,"遇货添钱"这种说话方式也就能打动人心。

甲买了一套款式不错的西服,乙知道市场行情,这种衣服两三百元完全可以买下。于是乙在品评这件衣服时说:"这套西服不错,恐怕得六七百元吧?"甲一听笑了,高兴地说:"老兄,你说错了,我160元就买下啦!"

这里乙的说法就很有技巧性,在他不知道甲花了多少钱买下这套衣服的情况下故意说高衣服的价格,使对方产生成就感,当然也就使得对方感到高兴。

遇货添钱法能讨得对方欢心,操作起来也简单,对其价格高估就行了。当然"价格高估"也需要注意两点,一要对物价心里有底,二不能过分高估,否则收不到好的效果。

5.倾听对方说话的6个规则

人的能力毕竟有限,肯定有许多东西是我们个人所无法了解的,通过倾听别人的谈话,我们可以获取许多有用的信息,可以分享他们的知识和经验,为我们的思考提供帮助。

1951年,威尔逊带着母亲、妻子和5个孩子,开车到华盛顿旅行,一路所住的汽车旅馆,房间矮小,设施破烂不堪,有的甚至阴暗潮湿,又脏又

乱。几天下来,威尔逊的老母亲抱怨地说:"这样的旅行度假,简直是花钱买罪受。"善于思考问题的威尔逊听到母亲的抱怨,又通过这次旅行的亲身体验,得到了启发。他想:我为什么不能建立一些便利汽车旅行者的旅馆呢?他经过反复琢磨,给汽车旅馆起了一个好听的名字叫"假日酒店"。

想法虽好,但没有资金,这对威尔逊来说,确是最大的难题。拉募股份,但别人没搞清楚假日酒店的经营模式,不敢入股。威尔逊没有退缩,心中只有一个念头,必须想尽办法,首先建造一家假日酒店,让有意入股者看到经营模式后,放心大胆地参与募股。远见卓识、敢想敢干的威尔逊,冒着失败的风险,果断地将自己的住房和准备建旅馆的地皮作为抵押,向银行借了30万美元的贷款。1952年,也就是他旅行的第二年,终于在美国田纳西州孟菲斯市夏日大街旁的一片土地上,建起了第一座假日酒店。5年以后,他将连锁的假日旅馆开到了国外。

倾听别人说话,是处世中必不可少的内容。能够耐心听别人说话的人,必定是一个富有思想的人。威尔逊就是一个有思想的人。他的成功,在于他能注意倾听别人的谈话。

我们在吸取他人有益的思想时,必须做的事就是要像威尔逊那样,学会倾听,听别人说什么,从他人的语言中提炼有价值的信息,便于自己思考时使用。

我们的听觉不仅仅是一种感觉,它是由4种不同层面的感觉组成的:生理层、情绪层、智力层和心灵层。眼睛和耳朵是思维的助手,通过它们,我们可以感觉到真正的意味。当它们"动作"协调时,我们就能够真正听到别人在说些什么,而不是草率地听。

做一个耐心的倾听者要注意以下6个规则:

规则一:对讲话的人表示称赞。这样做会造成双方良好的交往气氛。对方听到你的称赞越多,他就越能准确表达自己的思想。相反,如果你在

听话中表现出消极态度,就会引起对方的警惕,对你产生不信任感。

规则二:全身心地注意倾听。你可以这样做:面向说话者,同他保持目光的亲密接触,同时配合标准的姿势和手势。无论你是坐着还是站着,与对方要保持在对于双方都最适宜的距离上。我们亲身的经历告诉我们,人们往往只愿意与认真倾听、举止活泼的人交往,而不愿意与"推一下转一下"的"石磨"打交道。

规则三:以相应的行动回答对方的问题。对方和你交谈的目的,是想得到某种可感觉到的信息,或者迫使你做某件事情,或者使你改变观点,等等。这时,你采取适当的行动就是对对方最好的回答方式。

规则四:别逃避交谈的责任。作为一个听话者,不管在什么情况下,如果你不明白对方说出的话是什么意思,你就应该用各种方法使他意识这一点。比如,你可以向他提出问题,或者积极地表达出你听到了什么,或者让对方纠正你听错之处。如果你什么都不说都不做,谁又能知道你是否听懂了?

规则五:对对方表示理解。这包括理解对方的语言和情感。有个工作人员这样说:"谢天谢地,我终于把这些信件处理完了!"这就比他简单说一句"我把这些信件处理完了"更富有情感。

规则六:要观察对方的表情。交谈在很多时候是通过非语言方式进行的,那么,就不仅要听对方的语言,而且要注意对方的表情,比如看对方如何同你保持目光接触、说话的语气及音调和语速等,同时还要注意对方站着或坐着时与你的距离,从中发现对方的言外之意。

在倾听对方说话的同时,还有以下几个方面需要我们努力避免:

第一,别提太多的问题。问题提得太多,容易造成对方思维混乱,谈话精力难以集中。

第二,别走神。有的人听别人说话时,习惯考虑与谈话无关的事情,对方的话其实一句也没有听进去,这样做不利于交往。

第三,别匆忙下结论。不少人喜欢对谈话的主题做出判断和评价,表示赞许和反对。这些判断和评价,容易让对方陷入防御地位,造成交际的障碍。

下面再列举6点令人满意的听话态度:

①适时反问。

②及时点头。

③提出听不清楚之处并加以确认。

④能听出说话者对自己的期望。

⑤辅助说话的人对自己的话加以补充说明。

6.话题卡住了不用怕,但严禁继续纠缠

即便是一位非常善于交谈的人,也难免会在与人聊天时遇到这样的问题,说着说着,话题卡住了:一种情况是你觉得对方对你说的话没有了兴趣,你主动停下了说话;另外一种情况是你对自己所说的话题了解得太少,说到一半便没了材料。

遇到这两种情况,就马上换话题,千万不要继续喋喋不休,这会引起别人的反感。如果双方在相聚的两个小时里面,你的有些谈话让对方产生兴趣,或者,你有几次让对方开心地笑,那对方应该是不会记得你曾经提过几个无聊的话题的。谈话是发生在当下的事情,很少有人能够同时听着你讲话,脑子里却一直惦记着三分钟前你讲了什么烂话题。

可是,如何找一个让对方感兴趣的话题呢? 这就在于你平时的积累。只有拥有了深厚的内涵、广泛的知识,才能让别人对你的谈话更有兴趣,

并且你在与人聊天的时候，才更容易找到合适的话题。

朱敏是一个化妆品推销员，平时比较喜欢看书，各种类型的书都喜欢看，各个学科都喜欢研究一下，甚至连佛经、周易等都看过一些。这些书籍极大地开阔了她的视野，也让她了解了各方面的知识。所以，无论与什么样的客户，她都能找到话题，并且她说话总是头头是道，很让人信服。

有一次，她带一位新来的推销员万菲去拜访客户，她想让万菲得到更多的锻炼机会，便让万菲一个人去和新客户沟通。

但是，在与客户谈话的过程中，万菲总是谈到一半就没有了话题，对她所推销的产品，客户更没有兴趣。这让万菲感到非常郁闷，于是她便跟着朱敏，看看她到底有什么技巧，可以把自己的产品推销给客户。

一个星期下来，万菲发现，朱敏在去拜访客户的时候，通常不是直接就提到自己的产品，先是和客户一通天南地北地聊。并且，她发现，朱敏好像天文地理什么都懂，在与客户聊天的时候，无论是什么人，她都能找到他们感兴趣的话题。等到聊得高兴了，她便适时地把自己的产品推荐给客户。

现在万菲终于明白了，原来朱敏之所以能和客户聊得投机，是因为她知识面太广了。

在与人聊天的时候，如果你的肚子里有"货"，别人聊到什么你都能"接招"，那么你们之间的话题自然就多了。一个人是否会说话，与说话的技巧有关，更与他掌握知识的多少有密切关系。肚子里没有多少知识的人，与人交谈的时候，只能局限在某个很小的范围里，一旦对方对你的话题不感兴趣，你就没有更多的话题与人交谈了。

相反，你若是平时就积累了各方面的知识，比如体育、政治、军事、旅游等，你在与人聊天的时候，在某些话题上卡壳了，你可以非常轻松地就

转移到另外一个对方有兴趣的话题上。

要想让自己与人谈论的话题源源不断，那么掌握各方面的知识就非常必要，并且广博的知识也能使你的谈话幽默机智、妙趣横生，容易感染人。

7.用"我们"化敌为友

说话时，常用"我"开头或代表自己观点的人，敌人只会越来越多；而常用"我们"的人，时间久了，敌人也会变成朋友。

农夫甲和农夫乙忙完了田里的工作，一起回家。他们走在路上，农夫甲忽然发现地上有一把斧头，就跑过去捡起那把斧头。他说："我们发现的这把斧头还挺新啊！"就想带回家占为己有。农夫乙看到这把斧头是农夫甲发现的，应该归他所有，就对农夫甲说："你刚才说错了，你不应该说'我们发现'。因为这是你先看见，所以你应该改口说'我发现了一把斧头'才对。"

他们两个继续往前走，农夫甲的手上仍然拿着那把斧头。过了一会儿，遗失这把斧头的人走了过来，远远地看见农夫甲的手上拿着他的斧头，就匆匆忙忙地追上来，眼看对方就要追上来了。这时候农夫甲很紧张地看农夫乙一眼，然后说："怎么办？这下子我们就要被他捉到了。"

农夫乙听他这么一说，知道甲想把责任归咎到两个人的身上。于是农夫乙就很严肃地对农夫甲说："你说错了，刚才你说斧头是你发现的，现在人家追来了，你就应该说'我快被他捉到了'，而不是说'我们快被他捉

到了'。"

在人际交往中,"我"字讲得太多并过分强调,会给人突出自我、标榜自我的印象,这会在对方与你之间筑起一道防线,形成障碍,影响别人对你的认同。

因此,每个人在语言交流中,要学会避开"我"字,而用"我们"开头。

每个人的内心或多或少都存有潜在的"自我意识",谁也不愿意被别人左右。如果他认为你是在说服他,那么他的反抗意识就会更加激烈,而不愿意接受你的看法,即使你说得天花乱坠、头头是道,在他眼中也不过是为谋取私利而进行的伪装表演。

经常使用"大家"、"我们"等这类字眼,会使人感觉到大家均是同路人,是生命共同体,于是对方原本顽固的心理防卫会不攻自破,并在不知不觉中认同你的观点。自我意识越强的人,越容易被对方这种"我们"说话策略所认同。

同样的道理,男女交往时,更要经常用"我们两人"来开头说话,这才会让对方产生亲密感。

人们最感兴趣的就是谈论自己的事情,而对于那些与自己毫无相关的事情,大多数人觉得索然无味。很多时间,别人对于你表现最大兴趣的事情,常常不仅很难引起他人的共鸣,还可能被他人嘲笑。

年轻的母亲会热情地对人说:"我们的宝宝会叫'妈妈'了。"她这时的心情是高兴的,可是旁人听了会和她一样地高兴吗?不一定。谁家的孩子不会叫妈妈呢?你可不要为此而大惊小怪!这是正常的事情,如果不会叫妈妈的孩子才是怪事呢。所以,你看来是充满了喜悦,别人不一定有同感,这是人之常情。

竭力忘记你自己,不要总是谈你个人的事情,你的孩子,你的生活。人人喜欢的是自己最熟知的事情,那么,在交际上你就可以明白别人的心

意,而尽量去引导别人说他自己的事情,这是使对方高兴最好的方法。你以充满同情和热诚的心去听他叙述,你一定会给对方以最佳的印象,并且对方会热情欢迎你,热情接待你。

8.有意见"要说",更要学会"巧妙地说"

诚实是把真正的想法说出来。

我们没必要为了迎合对方,而刻意地隐瞒自己真实的想法。

某家具店内有位顾客正为买哪张桌子而举棋不定时,如果老板对他说:"圆桌有圆桌的好处,而方桌也有它方便的地方。"那么这笔生意就绝对做不成。

要成功卖出桌子应该这样说:

"像先生您这样的人,我认为方的比较适合,因为方的与您的个性颇能配合,若是您买下还可做个永久的纪念。"

这种说法等于是给了顾客一个建议。顾客听了很可能从迷惑中解脱出来,最后买下了它。

现在我们再举一个关于刑警的经验谈的例子。

他让嫌疑犯认罪的秘诀是对他们说:

"我相信你一定会承认,以往遇到我的嫌疑犯没有一个不招供的,我认为你也不会例外。"

若是嫌疑犯真的犯了罪，一定会开始犹豫是承认好还是不承认好。此时的刑警则更要不断地反复且巧妙地运用这种说服方式对嫌犯施加压力，自然就能将他逼到非说真话不可的地步。

这种说服方式使得举棋不定的嫌疑犯，内心会产生一种自己心思早被看穿，实在无法隐瞒的心理压力，而且对方又断言"你的答案只有一个"时，不稳定的心理必定会崩溃，最后如实招供。

对于能力较差或新进的员工，如果仅仅是对他说"再加油吧"、"再用点头脑吧"是没多大效用的，虽然这类忠告偶尔是必要的，但在工作的进行中，若经常提出来，反而会使人感到厌烦，此时员工们最迫切需要的并非责备或激励之类的话，而是工作的具体指导。

如果身为主管的你，一再好声好气地指正并指导下属工作的方法却不被其接受，这时就要换另一种方法。

可以用委婉的态度和语气，先表示对方的意见没有错，一般人在听见别人对自己的意见表示认同时，会认为对方尊重自己，认为对方可能和自己持有相同的意见，这时候再说出你真正的想法，就很容易被接纳。

《淮南子·人间训》中记载了这样一段故事：

鲁哀公想在宫殿西侧有所扩建，史官极力反对："在西侧扩建宫殿是一件极不吉利的事。"

哀公十分生气，不听任何亲信的劝言。他问宰折睢说："我打算扩建宫殿，史官们硬说不吉利，你的看法如何？"

宰折睢回答说："天下之大，只有三件不祥之事，宫殿西侧的扩建工程，与这无关。"

哀公大喜，他接着又问道："三件不祥之事指的是什么？"

宰折睢回答说："不行礼仪，这是第一个不祥；奢欲无节制，这是第二

个不祥;强谏仍不听,这是第三个不祥。"

哀公默然沉思了好一会儿,心平气和地自我反省一番之后,认为自己做法欠妥,于是下令停止扩建工程。

宰折睢可谓深明进谏之道。他不直接谈扩建工程之事,而是谈天下之三大不祥事,而这三大不祥之事每一件都与哀公扩建工程相关。宰折睢心平气和地说,哀公心情舒坦地听,所达到的效果是比强谏哀公、强迫他改变主意的做法强十倍、百倍。

对于自以为是、自认多能的人,不可贸然泼冷水,让他产生挫折感;对于刚愎自用的人,千万不可当众挑其毛病,让他恼羞成怒;对于自以为足智多谋的人,则不可揭他的短处,让他难堪。

说服人要心平气和、不能感情用事。既要使对方愿意采纳你的意见,又不给周围的人留下是由于自己的极力说服才使对方勉强被动采纳的印象。有话好好说,这样,才能先使对方不致对自己产生排斥感,言辞也不致被对方误会,然后再尽情发挥自己的才能与辩说能力,这样一来,才能使对方心平气和地接纳自己的意见。

9.说对一句话,你会得到更多

两千年前的孔子是这样评论语言和成功之间的关系的:"可与言而不与言,失人;不可与言而与之言,失言;言不顺,则事不成。"一句话决定胜负绝不是什么天方夜谭,在现实生活中话语的重要性已为人所共知。特别是在今天人们工作节奏如此之快、竞争强度如此之大的环境下,"语

言"这一不是细节的"细节"更值得每一个胸怀大志者去珍惜和应用。

三国时,魏文帝曹丕听说太傅钟繇的儿子钟毓和钟会聪明过人,便招兄弟俩进宫相见。一进宫殿,钟毓头一次见皇帝,吓得全身是汗,钟会则好像没事儿一样,十分从容。曹丕问:"钟毓啊,你怎么出了那么多汗啊?"钟毓说:"陛下天威,臣战战兢兢,汗如雨下。"皇帝又问钟会:"你怎么不出汗呢?"钟会学着他大哥的口气说:"陛下天威,臣战战兢兢,汗不敢出。"曹丕听过哈哈大笑,自此钟会的名气在群臣当中一下传开,最后成为魏国的股肱之臣。

倘若当时钟会说"与兄长亦然"类似的话,就不会令曹丕喜上眉梢。

还有朱元璋,这个出身贫寒的明朝开国皇帝,也给后人留下一段关于语言表达重要性的例子。朱元璋当上皇帝后,有一天,一个当年的穷哥们从老家凤阳赶到京城,说要和皇帝叙叙旧。一见面,这位穷哥们居然吟起诗来:"我主万岁!曾记否,当年微臣随驾,扫荡芦州府,打破罐州城。汤元帅在逃,拿住豆将军。红孩子当关,多亏菜将军。"朱元璋一听,觉得这首诗琅琅上口,里面又隐隐约约地透露出当年的一些趣事,不禁心花怒放,当即赐给这位穷哥们一个官做。

这件事一传开,朱元璋的另一个哥们也来到京城,和这位皇帝老兄聊家常。一见面,这位穷哥们高呼:"我主万岁!您还记得吗?当年我们几个穷哥们儿一起放牛。有一天,我们在芦花荡里,把偷来的豆子放在瓦罐里煮着,还没有等煮熟,大家就抢着吃,把瓦罐都打破了,撒下一地豆子,汤都泼在了泥地里。你只顾从地上满把地抓起豆子吃,却不小心连红草叶子也送进嘴了。叶子梗在喉咙里,苦得你哭笑不得。还是我出的主意,叫你用青菜叶子放在手上拍一拍吞下去,这才把红草叶子带下肚子里去了……"这位穷朋友还在那喋喋不休地唠叨个没完,宝座上的朱

元璋再也按捺不住了,心想此人太不知趣,居然当着文武百官的面揭我的老底,让我这个当皇帝的脸往哪儿搁。盛怒之下,朱元璋喝令左右:"哪里来的疯子,来人,将此人推出去斩了!"

同样的意思,不一样的表达,给对方的感觉就如此迥异。在与人相处中,如果只知道埋头做事,不懂得如何"说话",即使你待人再怎么真心,最终可能产生事倍功半的效果。

口者,心之门户,智谋皆从之出。中国有句古训:"一言之辩,重于九鼎之宝;三寸之舌,强于百万之师。"在和平期间,口才比核武器还要厉害。西方世界把"舌头、金钱、原子弹"列为三大武器。《三国演义》里的诸葛亮,一张嘴就抵得过千军万马;《鹿鼎记》里面不会武功、只会耍嘴皮子的韦小宝,可以在各路高手面前左右逢源。"祸从口出"的古训已不再被人们奉为神明,那种"君子敏于行,而纳于言"的看法已逐渐被人们所抛弃。社会的发展向我们提出了越来越高的要求,未来社会要求我们不仅仅是个只会"默默"耕耘的"小黄牛",还需要我们成为一个能说会道的"百灵鸟"。

卡耐基认为:"一个人事业上的成功,只有百分之十五是由于他的专业技术,另外的百分之八十五则要依靠处事技巧和人际关系。"口头表达能力的培养是一个人成长的需要,也是适应社会发展的必然要求。在未来的时代里,一个人若是缺乏说话交流能力,无论他有多么卓越的才能,都可能无法在社会上生存。有才华却没有能力表达,就像是玉石不被雕琢,永远无法展露它的晶莹剔透。难怪英国前首相丘吉尔说:"你能面对多少人,未来就有多大的成就。"

常言道:一言以兴邦,一言以丧邦。口才代表了一个人的处事沟通能力,在一些环境应变中有四两拨千斤之效力,遭遇人事阻力时能够只言片语过难关。愿我们能够敞开心扉,说出精彩,在充分享受口才带来的乐趣同时,让我们的成功之路更加平坦!

第四课

交　际

——洞悉人性，掌握交往的主动权

1.施恩是回报率最高的长线投资

心理学上认为,当人们给予别人好处后,别人心中会有负债感,并且希望能够通过同一方式或者其他方式偿还这份人情, 这就是互惠原则的特点。

俗话说"鸦有反哺之义,羊知跪乳之恩",动物尚且如此,更何况人呢?所以,如果你想取得成功,就要学会帮助别人,让人对你有负债感,这样对方也会心甘情愿地帮助你。

生活中的任何人,都会不同程度地受到互惠心理影响,因此当别人对自己好后,自己会想尽办法对人更加好;当别人给予自己帮助后,自己会自然地想着回报对方。所以如果人们能在平时适当、及时地向他人施予恩惠,那么他人也会心服口服地成为你事业上的助手,成功路上的帮手。

心理学家说:"施恩是回报率最高的长线投资。"的确,当你在生活的道路上摸爬滚打时,当你为了事业奔波劳碌时,当你为了得到他人的支持而费尽心思时,不妨学会先给予对方所需,然后再向其寻求帮助,这时效果往往会事半功倍。

张凯是一家外企的白领,有着稳定的工作和不错的收入。他爱上了和他同一个学校毕业的李微,为了追求李微,送花、请吃饭、出去游玩……几乎一切追女孩子的办法都用上了,但仍然没有打动李微的芳心。后来张凯了解到李微是一个孝顺的女孩,生活中很多事情会征求妈妈的建议。于是,张凯借着坐车让座的机会,认识了李微的妈妈。经过一段时间熟悉后,张凯

经常替李微妈妈做力所能及的事情，有时还会买些好吃的东西送给老人家，李妈妈对张凯很喜欢。当老人得知他没有女朋友后，有意地提到自己的女儿，还说要介绍他们认识。结果，张凯成功地追求到了李微。

也许有人认为张凯的做法是别有用心，但是我们无法否认张凯的方法很有效果。他巧妙而灵活地借助心理学中的互惠原则，为自己赢得了爱情。从这一点来说，他是一个成功者。

世界就是这样，只有你先施恩于人，别人才可能给你回报。施恩会让对方对你产生负债感，在负债心理的影响下，对方会心甘情愿地为你提供你所需要的。

我们都知道18世纪末19世纪初，在欧洲大陆上获得无数场胜利的军事家拿破仑。对于他的胜利，著名的心理导师戴尔·卡耐基认为，拿破仑懂得给将士名誉与头衔，通过这样的方法激发将士内心的负债感，从而忠诚地为他效命，帮助他完成称霸世界的野心。虽然，拿破仑的这种方法看似简单，但却非常有效。我们总是习惯羡慕他人的成功，却极少去研究他人成功的原因。纵观古今中外的成功者，无一不是熟悉心理战术的专家。

"知恩图报""感恩戴德""结草衔环"……这些传统词汇及道德心理，都告诉我们要学会"给人好处"的做人做事方法。只有当我们成功地掌握了这种做人做事方法，才能成为把握事情进退的掌控者。

《菜根谭》中有言："待人而留有余地，不尽之恩礼，则可以维系无厌之人心；御事而留有余地，不尽之才智，则可以提防不测之事变。"这是说，与人恩惠，应渐渐施出，要留有余地，人心贪婪，最不知足，余下的恩礼可以维系和保持与这些人的关系；做事情要留有余地，用一部分心力作善后考虑，这样可以提防意外变故。所以给他人好处时，要做得自然，不要太过直露，更不能表现得太过功利，应掌握好分寸，在不知不觉中让对方感觉到你的好处，成为你的知己，进而愿意帮助你。

多数人在接受了他人的恩惠后,都会想方设法地还他人的人情债,所以提前给他人好处,你才能在需要时获得他人的帮助。

2.若想实现大目标,不妨先提小要求

我们知道,开口就向别人提不太容易做到的要求,别人往往难以接受。如果先提简单的要求,然后逐步提出更高一点的要求,不断缩小差距,别人通常比较容易接受。每个人都有"保持自己形象一致"的心理,都希望给别人留下大方的印象,因此,在接受别人的第一个小要求后,再面对第二个要求时,就不会轻易拒绝。如果这种要求不会给自己太大的损失,人们往往会想:反正都已经帮了,何不帮人帮到底呢? 于是"登门槛效应"就发生作用了,反正一只脚都进去了,整个身子都进去又如何呢?

周末,胡小青对丈夫说:"咱们买把椅子吧!"丈夫答应了。来到家居市场,很快就买好了椅子。这时,胡小青发现了一款书桌不错,然是喜欢,就对丈夫说:"你看这个书桌,最适合你放电脑和书了。还可以当我的梳妆台,买了吧? "丈夫略加思索,说:"买。"

正在丈夫付钱的时候,胡小青又发现了一个衣橱不错,于是把丈夫喊到身旁,说:"你看这个衣柜,确实不错啊,才300元,很实惠吧! "丈夫赶紧说:"不用不用,买个几十块钱的简易衣橱凑合着用就可以了。"胡小青忙说:"有这么好的椅子和桌子,配个破衣柜合适吗? "丈夫一想也是,既然椅子和桌子都买了,再买个衣橱又有什么呢! 于是爽快地说:"买。"

在这里,胡小青巧妙运用了"登门槛效应",让丈夫成了她的"俘虏"。

生活中,这一效应运用得很多,比如,男子求爱,若直截了当,绝对会把姑娘吓跑,如果从朋友做起,一步一步表达爱意,则易达成目标。当男士遇见自己心仪的女孩,如果他马上提出要和对方结为夫妻、共度一生,恐怕会遭到女子的断然拒绝,他们甚至连朋友都做不成了。这时不妨想办法得到女孩的手机号,然后和她联系,再找个机会约她出来吃饭、看电影、逛公园,随着感情加深,最后向对方表达爱意。

做父母的都有望子成龙的心理,但培养人才只能循序渐进,不可以拔苗助长。尤其是对于年龄较小的孩子,可先提出简单的要求,待他做到了,及时给予肯定、表扬乃至奖励,然后逐渐地提高要求,促使孩子不断成才。

有个乞丐被大雨淋湿了,无奈之际,他敲开了约翰太太的家门。约翰太太打开门见是个乞丐,第一反应就是关上门。不过,乞丐及时说道:"太太,我不想要饭,我想进去避避雨。"

约翰太太无法拒绝这么简单的要求,否则也显得太没有同情心了。于是,她让乞丐进了家门,而且主动给他搬了一把椅子,让他坐下。坐了一会儿,乞丐礼貌地对约翰太太说:"尊敬的太太,我请求你给我烧点炭火,以便把衣服烤干。"

约翰太太心想,既然已经让他进了家门,就不能拒绝这么简单的要求,否则,还是会让自己显得没人情味,而且之前的善举会变得没有意义。于是,约翰太太满足了乞丐的要求。

烤干了衣服,乞丐从身上摸出两块石头,再次礼貌地说:"尊敬的太太,我想借你的锅,煮点'石头汤'喝。"约翰太太还是没办法拒绝乞丐的要求,因为满足他的要求只需举手之劳,而且"石头汤"是约翰太太头一次听说,带着好奇,她把锅借给了乞丐。当然,煤气什么的,都供乞丐使用。

水烧开后,乞丐又请求约翰太太给一点点盐,同样是那么简单的请

求,约翰太太无法拒绝。之后,乞丐尝尝汤,似乎很满意,但是又有些美中不足,于是请求约翰太太给点胡椒粉,这样能让汤更好喝。最后,乞丐请求约翰太太给这锅汤里加点"微不足道"的肉末。就这样,一锅美味的肉汤出锅了。

一个乞丐之所以能够喝到鲜美的肉汤,完全在于他为获得肉汤设计了一个完美的程序,有了这种精心的"安排",成功来得似乎顺理成章。

"设计"不是空想,而需要结合现实条件,确定细致的行动路线,让自己明确每个阶段该做什么,该怎样做,这样才能逐渐实现大目标中的那些小目标。就像建造房子时,要有步骤地打好地基、添砖加瓦一样,想要成功也需要按部就班地进行,而且可以确定的是,越靠近成功,你所需要付出的努力越多,你经受的考验越大——由易到难,分步进行,实现最终目标。

3."禁果"效应

每个人似乎都有这种奇怪的心理:越是得不到的东西,就越想知道;越是若隐若现的东西,就越想看清楚。这就是"禁果效应"的基本表现。巴蒙蒂埃将马铃薯在法国的推广就是巧妙利用了这种效应。

巴蒙蒂埃是法国著名的农学家,当年他在德国时曾吃过马铃薯,后来他带着马铃薯回到法国,但是在很长一段时间里,他无法说服人们栽种马铃薯,导致马铃薯在法国有很长一段时间得不到发展。为什么会这样呢?因为牧师把马铃薯称为"魔鬼的苹果",医生认为马铃薯有害于身体

健康,农学家则认为马铃薯会使土壤枯竭。

于是巴蒙蒂埃决定采取一个计策。1787年,巴蒙蒂埃把自己的想法告诉了法国国王,让国王批准他在一块以贫瘠著称的土地上种植马铃薯。同时巴蒙蒂埃要求国王派遣全副武装的士兵在田野里,白天守卫,但到晚上一定要撤兵。人们发现这是一个奇怪的现象,心想:那块土地上到底种了什么东西,为何派重兵把守呢?这种强烈的好奇心促使人们有所行动:人们开始在晚上偷偷地把马铃薯挖去,种到自己的菜园里。而这正是巴蒙蒂埃所企求的。

这个故事给我们有很大的启发,那就是运用"禁果效应"可以达到良好的传播推广效果。在现代商业领域,很多企业经营者希望自己的公司、产品美名远扬,为了打开产品销路,很多企业会努力到各大媒体露面,打广告、搞宣传,为的就是提高产品的知名度,而有些企业经营者却反其道而行之,有意隐藏自己的信息,给人留下神秘的印象,从而吸引人们特别是媒体的关注。待人们努力了解后,才发现原来没有什么特别的,这样人们就对该企业、该产品印象深刻了。

所以,有些时候留一点"窥探"的小缝,给人一个巨大的想象空间,会让人好奇心增强。

4.追随者越强大,越容易对他人施加影响

从影响力的角度进行剖析,如果你试图影响人们做事情,首先要影响那个在某一方面具有权威影响力的人,这包括一个人所处的社会地位,

像职位、金钱、名利等;也包括个人在家庭关系中所处的地位,像妈妈、爸爸等长辈或者更年长者;更包括个人所在一方或者所持观点的公众认可度……在影响人的过程中,这些因素往往直接决定着你能否成功地影响他人为自己所用,即追随者越是强大,越容易对他人施加影响。举个简单的例子,你会更深刻地理解这种观念。

星期一上班的时候,你穿了一件自己前几天刚买来的新外套,自我感觉非常良好。可你刚到办公室,便有一同事说这件衣服不适合你,颜色也有些深,这时你心里可能会想她的审美观很差,毫不在意;当另外一个同事走进办公室,看见你穿了一件新衣服,也发表了同样的观点时,你的心里有所动摇了,但还是觉得自己的眼光应该不会那么差;这时其他部门的同事过来,当他们也发表了这样的观点时,你开始忐忑不安起来,觉得是自己的审美眼光出现了问题;当继续有同事对你发表了类似的看法时,你便会开始否定自己的判断力以及审美眼光,下班回家后把衣服换下来,决定再也不穿它去上班了。

面对自己原本非常喜欢的衣服,你最后却毫不犹豫地否定了它,这一过程正如哈佛大学的心理学家罗伯·怀特在他的著作中曾提到的:"人必须调整自己,以适应周遭环境的各种压力。"从心理学上而言,周围多数人所持的审美眼光,有效地影响了你的审美眼光,进而使你做出顺着他们的意思的举动。

又或者在公交车上,小偷正在行窃,车上那么多人,只有你一个人看到了,时间还非常紧迫。你想制止他的行为时,你要怎么做才能更有效呢?用眼睛死死地盯住小偷吗?还是告诉旁边的人他正在行窃?相信这两种方法都不会管用。因为这两种做法可能引起周围人的注意,但是并不能制止小偷偷窃的行为。仅仅引起周围人注意是不行的,你应该表示

得更明确一点，最好的办法是大声喊出来"抓小偷"，这时当大家的目光都投向小偷时，小偷则会表现得仓皇失措，进而停止他的偷窃行为。

就是这样一句简单的话，却能够消除所有可能妨碍或者延误救助的不确定性。为什么"小偷"会如此畏惧一句简单的话语？

杰出的工人运动领袖邓中夏说："五人团结一只虎，十人团结一条龙，百人团结像泰山。"就影响力而言，这便是从众效应的影响力。公交车上多数人阻止小偷产生的压力，使小偷产生了畏惧心理，进而表现出从众的行为，放弃偷窃。

心理学上认为，当个体在受到群体的引导或施加压力的影响下，会毫不犹豫地改变自己的观点、判断和行为，朝着与群体大多数人一致同意或者向众的方向变化、发展。也就是影响力中所说的，追随者越是强大，越容易对他人施加影响。

当个体在群体的引导或施加压力的影响下，会毫不犹豫地改变自己的观点、判断和行为，朝着与群体中大多数人一致同意或者向众的方向变化、发展，也就是影响力中所说的"追随者越是强大，越容易对他人施加影响"。

5.首先要成为自己的跟随者

俗话说："真理往往掌握在少数人的手中。"在此这么讲，并不是让人们与众人唱反调，也不是要求大家非要与众人格格不入。而是正如史迈利·布兰顿在他的著作中说的一样："要适当程度地'自爱'。因为，在很多人眼里，众人都做的事情才是正确的，众人都赞同的观点才是科学的。所

以,生活中人们会习惯性地效仿他人,进而失去了自我。从影响力的角度讲,当一个人失去自我,没有'自爱'的时候,也便不能更好地影响他人。只有'自爱'的人,才能征服自己,影响自己,进而更有效地影响他人。"所以,当你试图影响他人成为自己的跟随者前,首先要成为自己的跟随者。

身为著名指挥家的小泽征尔,便曾用这样的方式有效地影响了评委。

日本著名指挥家小泽征尔,一次去欧洲参加指挥大赛,他一路过关斩将,最终进入了前三甲的争夺中。在决赛中,评委交给他一张乐谱,让他按照乐谱演奏。当他指挥到一半的时候,突然发现乐曲中出现了不和谐的地方,他以为是演奏家演奏错了,便临时指挥乐队停下来,重新演奏一次,结果他发现仍然有不和谐的地方。

小泽征尔向评委提出了疑问,这时在场的权威且知名的评委郑重其事地告诉他,乐谱没有问题,是他的错觉,让他继续演奏,不用在乎这么多。面对众多国际知名的音乐权威人士,他一度怀疑过自己的判断,但考虑再三之后,他仍然坚信自己的判断是正确的。于是,他大声地对评委说:"不,一定是乐谱错了!"

他的话音刚落,评委们立即向他报以热烈的掌声,并郑重地宣布他在此次大赛中夺魁。事实上这是评委们精心设计的"圈套",他们的主要目的在于,考察指挥家们在发现错误后能否坚信自己的判断。

虽然小泽征尔只是在参加一场比赛,但他正是利用自己的自信心,首先成为自己的跟随者后,才成功地影响了评委成为自己的跟随者。不只比赛,生活中的任何事情都遵循着这样的道理,也就是说无论你做什么事情,也无论你试图影响的人有多么大的权利、多么高的社会地位,你都不要盲目地试图从顺从对方的角度影响对方。

从心理学对影响力的作用而言,从众效应的影响力是巨大的。但从众

不等于盲目地随从,盲目随从等于自己没有明确的主张,自我行为常常会受到社交或经济族群的影响,这不仅不会有效地影响他人,还会失去自我,进而受到他人的影响。而一个自信并有自己独到见解的人,常常更易得到他人的欣赏,进而更易对他人施加影响。就像浮云中令人称奇的"黄山云海",文人墨客笔下的梅、兰、竹、菊,万绿丛中鹤立鸡群的松柏……自然界如果从众,我们将丧失许多美丽;人如果一味从众,也将永远不能影响他人。

一个人首先要树立自己的品牌,并慢慢地认定一个趋势。然后再影响他人,使其对你的态度由怀疑逐渐转到相信上。再从相信渐渐地升华到信任、敬佩。整个过程就像金字塔一样逐渐递增。在这一过程中你会发现,追从自我是金字塔的底座,只有底座打得牢固,金字塔才能坚固,从影响人的角度而言,也更易影响他人。

6.以高姿态亮相是掌控局面的关键点

在信息快捷的今天,生活节奏加快,人无时无刻不受到不同信息的"轰炸",这就要求必须迅速理解周围世界,快速地进行判断,并据此采取行动。这样,人们不得不越来越依靠自己的"感觉"。

科学研究表明,别人对我们印象的好坏,完全取决于两人见面的最初大概6秒钟内,在我们开口说出第一个字之前,我们的个人形象已经进入了别人的大脑中,我们的外表和举止决定了形象的80%,有时甚至一句话都不用说。

第一印象主要来自于眼睛的观察,而不需要通过语言交流。人类对画

面的记忆力要远比抽象的东西要强大得多。一次交际活动过后，谁说过什么话可能记不清了，但谈话时的情景却牢牢印在心上。即使过了很长时间，只要一有诱发因素，这个画面就会浮现出来，直接影响交际情绪。

当两个人四目相对时，一种强大的力量已经对双方产生了影响，只因为这一眼，就像一个600万像素的相机一样，快门咔嚓一声，我们的形象化成彼此心中的信息，就像一张照片，深深地印入对方的眼中，在此后很长一段时间都不容易改变，甚至可能留在记忆中，一辈子都抹不掉。

人的情绪反应往往是先于理性判断的，并且人往往不会分析情绪反应的由来。

如果在双方初次见面时，我们留给对方的是负面的第一印象，那么，即使个人能力再强，性格或品行再好，也很难有机会再证明了，无法再挽回了，哪怕只是稍微改变一下，也必须付出十倍的努力才行。

同样的道理，"良好的开端，是成功的一半"，如果能给对方留下美好的初步印象，我们就有机会大展宏图了。

如何才能在有限的时间里给别人留下良好的第一印象，显示自己的价值呢？

第一个步骤首先是改善自己的出场亮相的方式。这种时候也是能够将自己与不谙世事的"新兵"截然分开的重要时刻。

在这方面，一个心存济物的人物与一个新兵还有一个最大的区别，就是能不能对节奏的把握。紧张和害羞的人总是急急忙忙，没有任何节奏，而心存济物的人物则会刻意把握节奏。

举个例子来说，如果参加一个研讨会，当主持人向听众介绍你之后。你就应稳步走上讲台，站到讲桌旁边，不要像其他人一样匆忙掏出讲稿读起来，而要故意暂停了一会：先环顾了一下全场，从包里拿出讲稿，在讲桌上整理好，再抬头看了看观众，这时看着讲稿开始说话，足以对全场的观众形成一种巨大的影响。

这就是社交中有节奏的暂停,它并不是迟疑不决的拖拉,而是一种有目的的策略:用行动和语言上的节奏来抓住听众的注意力。这种暂停并不需要太久,太久会造成冷场,而只是稍微的停顿,以造成节奏分明的印象,保证自己不会被别人忽略。

有人说,当他们走进一间聚满人群的房子时就宛如闯进狮笼般紧张,这大可不必。当然进入一个满是人的大房间,适度的紧张是正常的。不过,如果这种紧张表现在肢体语言中,显得既焦躁又惊慌,而且带着一些粗鲁冒失的举止,这将使人们浑身不自在,而从心底把我们的分数打得很低,甚至不及格。如果我们天生如此,那么我们的确需要练习自制力。

除此之外,在日常生活还有一些不得体的亮相方式:如果我们边进门边东拉西扯,一边整顿服装一边进入,不只我们自己,连室内的人都会跟着分神,形象会显得十分不稳重;有人为了增加自己的气势,喜欢怒气冲冲地大步闯进室内,实际上这种态度只能坏事,没有人喜欢莽撞的冒失鬼,不管这人职位有多高;还有一些人可能是动画片看多了,喜欢用一种玩具兵式的步伐走进办公室室,这样的举止动作应当收敛,但机械呆板的步伐加上面无表情,似乎比较适合上了发条的玩具兵,这将给人冷峻无情的感觉,甚至让人看起来滑稽可笑。

当我们走进会议室的时候,眼光应该随意自在,不要紧张兮兮地只顾瞧自己的脚,或者莫名其妙地仰视天花板,直接瞧着房子里的人,并向他们示以微笑,这表明我们轻松自若,易于被人接受。

即使已经迟到或者早退,也不要偷偷摸摸地溜进去或离开,或者像旋风一样冲进去,而要在进门后稍微暂停一下,让别人知道我们的目的。为了不打扰别人,我们不要立刻解释,只需要向主持者点一下头就可以了。

在我们摇身一变而成为人物之前,我们先要进行排练和预演,看着自己准备用什么样的形象出场亮相,如何周旋于众人之间,如何握手,如何绽放出迷人的笑容,如何像尖端放电一样发射出热情的眼神,如何与身

边的每一个人都十分自在地交谈。

无论你是进入哪一个重要的场合,无论房间里有多少人,要对自身充满信心,步履坚定。笑容亲切地抬头挺胸,别让身体前倾或弯腰驼背,用左手提着公文包,右手留着握手用,绝不可让公文包遮住我们的前面,这会让我们显得怯弱可欺。

我们可能还会有一些尴尬的时刻,比如走进会议室时突然滑倒在地,或跌跌撞撞地踉跄几步,最佳的补救方法是尽可能迅速起身,神态自若地稳住自己,自我幽默一番,也能让我们自己和观众重获从容和轻松。

预演完这些,我们还要闭上眼睛,感受一下受到大家瞩目时的喜悦,感受所有人都被我们深深吸引的感觉,想象自己成为超级人物。

让我们保持这样的情绪,走上交际舞台,所有的预演都会自动完成。

7."请将"不如"激将"

对有些人,只要动之以情,晓之以理,以诚相待,就能打动他;但在同样情况下,有一些人可能"敬酒不吃吃罚酒",你磨破嘴皮,他就是不答应你的请求,此刻如果你改变策略,突然给他一个强烈的反刺激,用超常的手段去激励他,说不定"柳暗花明又一村"。

张仪因久不得志,穷困潦倒,一日到苏秦府上拜见苏秦。好几天后,苏秦才出来见他,并只让他坐在家仆们坐的堂下,仅赐给他仆妾们吃的饭食,而且几次故意责备张仪,说他穷酸,不想和他打交道。张仪听后气愤不已,离开了苏秦,前往秦国。

在张仪去秦国的途中,却有一个素不相识的人与他结伴同行,送给他许多金钱。张仪到达秦国后,依靠陌生人资助的钱财得以拜见了秦惠王,并很快被秦惠王拜为客卿。这时,那位同伴向张仪告辞要走了,张仪问其缘由,那人说:"我并不了解你,真正了解和关心你的是苏君(即苏秦)。他当时担心秦国伐赵而使合纵抗秦的计划破产,认为只有你才有能力去左右秦国的国策,所以他当时用语言刺激你,使你来到秦国。而后又私下派我跟着并接近你,供你给用。现在你已被秦王聘用,我就算完成了任务,该回去告诉苏君了。"张仪听后大为感慨。张仪后来凭他的智慧和才能,说服秦王,使秦军15年未越函谷关一步,为苏秦合纵之策赢得了很高的声誉。

可见激将方式只要使用恰到好处,适时适度,效果是妙不可言的。

激将法的两种方式一种是直接刺激。这种方法通过故意贬低对方看不起他,说他不行,借以激起对方求胜的欲望,也能使其超水平发挥自己的能力,从而达到其目的。

当马超领兵攻打葭萌关时,诸葛亮告诉刘备,只有张飞、赵云二人是马超的对手。刘备提议让张飞去迎战。诸葛亮说:"主公先别说话,让我去激激翼德。"

二人在谈话间,张飞进门主动请缨去迎战马超,诸葛亮却假装没有听见,只是对刘备说:"马超智勇双全,无人能敌,除非往荆州唤云长来,方能对敌。"

张飞说:"军师为何小瞧我?我曾经一人独对曹操百万大军,难道还畏惧马超这个匹夫?"

诸葛亮笑着说:"你在当阳拒水断桥,是因为曹操不知虚实,他若知道虚实,你岂能占到便宜?马超英勇无比,他渭桥之战差点杀了曹操,我看

就是云长来了也未必能胜得了他。"

张飞说:"我现在就去取马超项上人头,如若不胜,甘当军令。"

诸葛亮见激将法起了作用,便顺水推舟地点头答应了。张飞得令,与马超在葭萌关下酣战了二百多个回合,当时虽未决出胜负,却使马超产生敬畏之心,最终率众归顺了刘备。

激将法的第二种形式是间接刺激。

曹操北定中原,举兵南下时,刘备派诸葛亮去吴国拜见孙权,游说吴国与蜀国两家合力抗魏,诸葛亮深知,如果直接要求吴蜀联兵,一定使孙权以为刘备有求于他,事情会不好办。最好的方法是用激将法激他。

诸葛亮在柴桑见到孙权后,说:"我看曹操兵多势众,东吴弹丸之地不是对手,将军何不向曹操投降称臣,以求暂时的安宁?"孙权听了很不高兴,反问诸葛亮,为什么刘备不向曹操投降称臣?诸葛亮回答道:"古代的田横仅仅是齐的壮士,尚能守义不辱,何况我主是帝王之后,盖世英才,岂能屈居奸贼屋檐之下?"诸葛亮这一招果然管用,孙权最终同意孙刘联盟,共抗曹操。而诸葛亮也就此圆满完成了出使江东的使命。

诸葛亮以张扬、称赞他人他物的方式,间接贬低对方,以激发对方压倒、超过第三者的决心,从而为其所用。

8.话不用多,但每一句都要有分量

　　有人做过这样一个实验,将锅里盛满凉水,然后放进去一只青蛙。青蛙在水中欢快的游啊游啊,丝毫不介意环境的变化。这时,把锅慢慢加热,青蛙对一点点变温的水毫无感觉。慢慢地,温水变成了热水,青蛙感到了危险,想要从水中跳出来,但为时已晚,因为它已经快被煮熟了!

　　青蛙之所以快被煮熟也不跳出来,并不是因为青蛙本身的迟钝,事实上,如果将一只青蛙突然扔进热水中,青蛙会马上一跃而起,逃离危险。青蛙对眼前的危险看得一清二楚,但对还没到来的危机却置之不理。

　　这就是"青蛙法则",在企业经营中,懂得运用这个法则,就能成功揣测顾客的心理,让他不知不觉中就掏出腰包。

　　当顾客选购衣服时,精明的售货员总是不怕麻烦地让顾客反复试穿。当顾客将衣服穿在身上时,他又会不断地称赞。顾客顿时笑逐颜开,会很高兴地买下衣服。当然,顾客形形色色,实际销售中并非总能如此顺利。但只要把握住微笑服务,真诚与顾客沟通,揣摩顾客的心理,替顾客着想,就能打动顾客。

　　推销时,售货员的话不用多,但要有分量,这样才能引起顾客的购买欲。售货员若想把商品所有的优点都列举出来,可能会导致无必要的废话,反而会引起不信任。而且怀疑和犹豫可能出现并反复发生在顾客购物的各个阶段,包括在购物以后,如果售货员针对其中的一个或几个说一些有分量的话,那么会令人信服得多。

对顾客的任何一种不同意见都不能置若罔闻。不仅要证实自己观点的正确,还要打消谈话者的疑虑。如果对顾客的不同意见不作答复,会让人觉得售货员对商品故意只做不完整的、有倾向性的介绍。不能把顾客的不同意见当作是不信任。相反,顾客的不同意见恰恰说明他对商品很关心,说明他有听取你意见的愿望。这样的顾客比光听不说话或者只用一句话来回答问题的顾客好说服得多。不同的意见只能反映出顾客的立场,暴露出他的忧虑所在。此时,耐心地解答,剔除其疑虑,生意也就做成了。

另外,在具体的商业用语中,也要用温情的话语吸引顾客。具体有以下几个技巧:

避免命令式,多用请求式。

命令式的语句是说者单方面的意思,没有征求别人的意见,就强迫别人照着做;而请求式的语句,则是以尊重对方的态度,请求别人去做。请求式语句可分成三种说法:肯定句:"请您稍微等一等。"疑问句:"稍微等一下可以吗?"否定疑问句:"马上就好了,您不等一下吗?"一般说来,疑问句比肯定句更能打动人心,尤其是否定疑问句,更能体现出营业员对顾客的尊重。

少用否定句,多用肯定句。

肯定句与否定句意义恰好相反,不能随便乱用,但如果运用得巧妙,肯定句可以代替否定句,而且效果更好。例如,顾客问:"这款有其它颜色的吗?"营业员回答:"没有",这就是否定句,顾客听了这话,一定会说:"那就不买了",于是转身离去。如果营业员换个方式回答,顾客可能就会有不同的反应。比如营业员回答:"真抱歉,这款目前只有黑色的,不过,我觉得高档产品的颜色都比较深沉,与您气质、身份、使用环境也相符,您不妨试一试。"这种肯定的回答会使顾客对其他商品产生兴趣。

采用先贬后褒法。

比较以下两句话:"太贵了,能打折吗?"

1）"价钱虽然稍微高了一点,但质量很好。"

2）"质量虽然很好,但价钱销微高了一点。"

这两句话除了顺序颠倒以外,字数、措词没有丝毫的变化,却让人产生截然不同的感觉。先看第二句,它的重点放在"价钱"高上,因些,顾客可能会产生两种感觉:

其一,这商品尽管质量很好,但也不值那么多;

其二,这位营业员可能小看我,觉得我买不起这么贵的东西。再分析第一句,它的重点放在"质量好"上,所以顾客就会觉得,正因为商品质量很好,所以才这么贵。

总结上面的两句话,就形成了下面的公式:

A.缺点→优点=优点

B.优点→缺点=缺点

因此,在向顾客推荐介绍商品时,应该采用A公式,先提商品的缺点,然后再详细介绍商品的优点,也就是先贬后褒。此方法效果非常好。

言词生动,语气委婉。

请看下面三个句子:"这件衣服您穿上很好看。""这件衣服您穿上很高雅,像贵夫人一样。""这件衣服您穿上至少年轻十岁。"第一句说得很平常,第二、三句比较生动、形象,顾客听了即便知道你是在恭维她,心里也很高兴。除了语言生动以外,委婉陈词也很重要。

对一些特殊的顾客,要把忌讳的话说得很中听,让顾客觉得你是尊重和理解他的。比如对较胖的顾客,不说"胖"而说"丰满";对肤色较黑的顾客,不说"黑"而说"肤色较暗";对想买低档品的顾客,不要说"这个便宜",而要说"这个价钱比较适中"。

9.在自信的前提下,可以故意"示弱"

主动"示弱"者,在某种意义上说,也是人生在世的一种姿态。如今的很多人爱表现出强者风范,但往往碰得头破血流;而会适当示弱的人,则更容易被人接受。所以,做人做事,如果能适时地示弱,有时可能会成为赢家。世上没有风平浪静的海,也没有一直平坦的路,我们每个人都会遇到困难和挫折,既然避免不了,就不要太在意,总是放在心上。有时候,既然不能硬碰硬,那就学会主动示弱,淡然处事。

某地有一座砖瓦窑,窑主规定每个窑工每个月必须制成一万片瓦坯,完不成的只能拿一半的工钱,超过一万片按数量计发奖金。

一天,窑主新招了一个工匠小陆,他上窑厂操了两天,每天制瓦坯600片,且质量上乘。老板非常高兴,表扬了他。小陆就得意地说:"每天800片我都没问题,这奖金我拿定了。"

收工时,小陆感觉到一道道恼恨的目光向他射来。当他到食堂吃饭的时候,他的碗筷又被别人扔在一旁。这一下,小陆知道自己遭到了大多数人的妒忌。

第三天,小陆有意放慢了速度,制瓦坯的数量和一般工人接近。老板再来检查时,小陆恳切地说:"老板啊,我们在砖窑干活又脏又累,做了9999片瓦坯还只能拿一半工资,有点不合理……"老板考虑了一下,觉得他说的也有道理,就取消了这项工资制度。

小陆还积极接近工友们,教他们提高工作效率的办法,使大家都能达

到定额。此后，工友们都不再妒忌他，还佩服、尊敬他。

小陆曾因锋芒毕露得罪了工友，之后他又及时调整自己，不再突出自己，而是关心大家的利益，提出建议并帮助工友提高工作效疚，最后让老板满意，工友高兴，自己也获得了尊敬。

其实，人大都具有一种妒忌的心理，而示弱能使处境不如自己的人保持心态平衡，有利于人际交往。毕竟，一个人在这方面突出，那么另一方面就难免有弱点。所以在社交中，就不妨选择自己"弱"的一面，削弱自己过于咄咄逼人的成绩，让别人放松警惕。

曾有一位记者去拜访一位企业家，目的是要获得有关他的一些负面资料。然而，还来不及寒暄，这位企业家就对想质问他的记者说："时间还早得很，我们可以慢慢谈。"记者对企业家这种从容不迫的态度大感意外。

不多时，秘书将咖啡端上桌来。这位企业家端起咖啡喝了一口，立即大嚷道："哦！好烫！"咖啡杯随之滚落在地。等秘书收拾好后，企业家又把香烟倒着插入嘴中，从过滤嘴处点火。这时记者赶忙提醒："先生，你将香烟拿倒了。"企业家听到这话之后，慌忙将香烟拿正，不料却又将烟灰缸碰翻在地。

在商场中趾高气扬的企业家出了一连串的洋相，使记者大感意外。不知不觉中，原来的那种挑战情绪完全消失了，甚至对对方产生了一种同情。这就是企业家想要得到的效果。这整个的过程，其实是企业家一手安排的。因为在通常情况下，当人们发现杰出的权威人物也有许多弱点时，过去对他抱有的恐惧感就会消失，而且由于同情心的驱使，还会对对方产生某种程度的亲切感。

在人际交往中，有时需要巧妙地、不露痕迹地在他人面前暴露某些无

关痛痒的缺点，出点"小洋相"，表明自己并不是一个高高在上、十全十美的人，这样就会使人在与你交往时松一口气，不再与你为敌。

从这里我们可以看出，主动"示弱"是一种生存策略。在当今竞争激烈的环境下，锋芒毕露的人总会成为众矢之的而被大家孤立或抛弃，最终不能得到胜利。而隐藏自己的实力，消除大家的防备之心，在适当的时候再发动出其不意的打击，一举赢得竞争的胜利，才是能适应当今社会的生存法则。

海滩上的蓝甲蟹分为两种：一种是较为凶猛的，跟谁都敢开战；一种是比较温和的，遇到敌人，便翻过身子，四脚朝天，任你怎么踩它，它都不理不动，一味装死。经过了千百年的演变，出现了一种有趣的现象，强悍凶猛的蓝甲蟹越来越少，成为濒危动物；而喜欢示弱的蓝甲蟹，反而繁衍昌盛，遍布世界许多海滩。动物学家研究发现，强悍的蓝甲蟹一是因为好斗，在互相残杀中首先灭绝了一半；二是因其强悍而不知躲避，被天敌吃掉一半。而会示弱装死的蓝甲蟹，则因为善于保护自己而扩大了自己的种群。

人生中，谁能够恒强？谁能够一帆风顺？所以诚实一点，在困境表达你需要帮助的诚意，在顺境时，真诚地去帮助他人。

10.彬彬有礼的风度赐给你最佳的人缘

人是有感情的高级动物，所以，当别人敬仰你的时候，你会感到很高兴；当别人轻视你，你又会觉得气恼。不管在任何年代，这种导致人与人

相处的关系始终不变,这是人类的通性。而促使这种关系相处圆满的最好方法,就是"礼"。它代表尊敬、尊重、亲切、体谅等意义,同时,也表现出个人的修养。

现代心理学指出,"自尊是维持心理平衡的要素"。可见每个人要维持心理的平衡和健康,都要有活得"理直气壮"的感觉,也就是处处受人尊重,才能进一步肯定自己存在的价值。所以,尊重、体谅等"礼"节,绝不是规章条文,也不是虚假问候,而是发自内心最基本也最真诚的行为。俗话说:"先学礼而后问世。"学些什么礼呢?彬彬有礼的态度又是怎样的呢?没有人生下来就懂礼,家庭、学校、社会,逐渐教导我们成为一个具有彬彬风度的人。但是,一个人每做一件事,如果都有一套刻板的礼仪在缚手缚脚岂不烦琐极了?事实并不尽然,因为,有许多礼仪事实上是日常生活中的一部分,习惯成自然,我们早已感觉不到它的约束。另外,关于人情往来、社交活动……等较特殊的礼节,只要我们基于尊重、体谅别人的心情,也都是不难做到的。

所以,礼绝不是只讲求形式的,要保持彬彬有礼的态度,一定要从对别人的关心出发,在现实生活中,随时随地贯彻关心朋友、关爱朋友的精神,在社交场合中,自然也就能以平实有礼的态度与人交往和沟通。学习礼节虽不是一件难事,但要做到时时保持彬彬有礼的态度,也不是件容易的事。因为礼节并不只是"鞠躬如也"就可涵盖的,它在某种程度上反映了个人的修养道德。

有人说:"要学习礼节,最好是从公共场合待人接物做起。"这话非常恰当,只要平常多留心人们交往时的各种行为,就不难学习到许多待人接物的说法。如果能身体力行,适当地做到"多礼",则必然"人不怪"而大受欢迎。所以,彬彬有礼的风度,不但能成为你最高贵的"饰物",同时还能赐给你最佳的人缘。

第五课

气 场

——顶尖人物的成功秘诀

1.根据需要来强化自己的某一种特点

在商界,李嘉诚是领袖级的人物,他的公司里有四个副总裁专门负责树立公司和他本人形象。什么时候穿一丝不苟的职业西装,什么时候换有硅谷风格的休闲服,什么时候表现得像个老练的商人,什么时候表现得像一个很有魅力的大男孩,这一切都有专门的团队专门策划。

社会各界人士的包装方式虽然与演艺明星不同,但目的都是相似的,就是顺应时代潮流,成为一个有魅力的人、受欢迎的人。

在拉美地区,有一位小时候当过擦鞋童、做过苦工,后来成为工会领导人并步入政坛的巴西人,他就是巴西联邦共和国第一位工人出身的总统卢拉。

卢拉曲折漫长的从政之路是从1980年他创建巴西劳工党之后开始。从1988年起,卢拉开始参加竞选巴西总统。不过,由于当时他缺乏系统的思想,对于如何改变巴西经济并且控制持续不断的通货膨胀没有可行的办法,因此在第二轮投票中失利。

此后,卢拉又在1994年和1998年两次参加巴西总统竞选,但都在第一轮投票中就败给了卡多佐。然而,由他领导的劳工党在议会和地方选举中大有斩获,成为最大的反对党。

尽管连续三次竞选均告失败,卢拉却没有就此放弃。这位从二十多岁就投身到巴西政治运动中的左翼劳工党领导人,坚信经过不懈的努力,自己一定能获得成功。

　　早在第一次参选失利之后不久，卢拉就在劳工党内成立了公民权利研究所，聘请全国著名学者专家讲课，为党员提供学习和研究的机会。在1993～2001年间，卢拉走遍全国，实地考察和了解社会，为竞选总统和施政积累经验和知识。

　　为了获得2002年大选的胜利，卢拉作了许多努力。作为巴西众多穷人的希望，往日的卢拉一贯以工人的形象出现，其政见也被对手批评为过于偏激。这导致他在此前的三次总统选举中得票处于第二。此番再度上阵，卢拉决定要向英国工党学习，将自己包装成一名"巴西的布莱尔"，改变以前的"激进工人领袖"形象。为此，他雇了形象顾问，对胡子进行了一番修整，脱掉了以前常穿的开领T恤，而改成一身西装革履的打扮。

　　面对广场上人山人海的群众，卢拉说："我在不断改变自己，因为这个世界在不断地改变。"

　　针对选民求变但怕乱的心理，卢拉提出了"和平与爱心"的竞选口号以重塑形象、改变主张，从激进左派变成了即求变又求稳的务实左派。正是这一改变赢得了人心，卢拉成为巴西联邦共和国总统。

　　所以，我们可以得出以下结论：

　　一、不论你从事什么职业，都不能忽视包装的效果。

　　二、包装不是一蹴而就的事，也需要长期的熏陶和培养。

　　三、包装不可以由着个性随意发挥，你喜欢什么样的风格是一回事，根据你的出身、职业、所面对的环境和未来角色的期待，所形成的形象定位是另一回事。并且"喜欢"一定要成为"需要"让步。

2.随时在生活中寻找自己的身价筹码

书籍和名片,最简单的包装工具

最简单的包装工具,无过于书籍。在20世纪80年代,文学还是热门的时候,谈恋爱的人经常手里拿一本诗集。而在今天,我们要展示的,则是自己的专业形象。

我有一个同学,学的是桥梁建筑,在政府机关工作。他的公文包里总少不了几本桥梁建筑专著。如果碰巧哪位领导问几个专业问题,他自然对答如流的。再加上时常向领导送呈一些新的利民方案,几年工夫就得到了提拔。

在家里,书籍的装饰作用更是超强。比如客厅摆放的是《家庭医生》《知音》等,有平民趣味;摆放的是《读者》《时尚》之类,就是正力争上游的小资;摆放的是《名牌》《艺术世界》或者一两本英文杂志,你差不多就是一个精英分子了。

名片比书籍更为小巧直观,名片上的头衔称谓,就是一个人在社会上位置的概括。那些成功者的名片上,总会有三两个有分量的职位,有自己的公司名称,也有某一级的人士、政协代表等社会资源,或者是某个学院、某个民间组织的兼职,总之凡能给自己增光的,决不肯有所遗漏。据说李嘉诚有一种名片,上面只有姓名,简简单单的三个字。

名人效应

潘石屹虽然一再说自己小时候家境贫寒,但还是清楚地记得爷爷当

时曾经是黄埔军校的军官。

足球运动员谢晖拥有八分之一的英国血统，这还真是多亏了他的曾祖父娶了一位英国女护士……

唐骏就任上海盛大网络公司总裁后，在各种场合，念念不忘的始终是他在微软工作的那10年，以及比尔·盖茨的嘉奖，和他在日本和美国的留学、创业经历，名片上也赫然打着微软终身荣誉总裁的名号。

张宝全最愿意说的是他是从北京电影学院导演系毕业的（正宗科班出身），是著名导演谢飞的学生。

张朝阳声称自己是互联网启蒙大师、《数字化生存》的作者尼葛洛庞帝的门生……

形象设计师英格丽·张说："成长与宽松、经济有保障的家庭的孩子，会对生活中一切都容易满足。他们易于按社会的标准行事，会表现得自信，有安全感、善良、大方、宽容、开通、缺乏野心，因而易于与人合作。他们看待世界人生的眼光与贫困中长大的孩子不同。"

这是一种什么心态呢？事实上，名门就是会得到他人的尊敬和优待，连带对他个人背景(包括家世背景、血缘关系、籍贯、出生地、求学经历、师承、工作资历等)的重视。古今中外，人际交往过程中有一种奇特的现象。对那些有着显赫家世背景和工作资历的人，人们总是给予更多的重视，会有更多的尊敬、信任和机会。

在商场上，名人效应法是用于直接促销的常见形式，有时，巧妙地利用关联的著名人物和组织的影响，可以为企业打造出一条捷径。

在中美洲有一个小国，有一位书商，他手里的书老是卖不出去，于是就有人给他出主意，让他找人"忽悠"。但是"忽悠"也要讲究方法的，一定要请名人来，在那个地方总统就是最好的名人。给他出主意的人说只要

把书寄给总统，无论他说什么，这书就一定好卖了。书商一听十分高兴。

于是，这位书商就把书寄给了总统，同时还寄去了一封信，信里写道："我手里的书实在是太难卖了，您一定得给我说点儿好话。"总统看完书后觉得还不错，同时觉得他写的信也有道理，于是就在书上写上"这本书不错"的字，并且把书又给书商寄了回去。

书商拿到总统寄回来的信如获至宝，于是就把书放在了店里最明显的地方，并且对每一位来书店的人介绍这本总统给出好评的书，果然，这本书就成了畅销书。

有了这一次的经验以后，书商不久又把第二本书寄给了总统。总统已经听说上次寄书后书商借他的光把书大卖，于是这次就在寄来的书上写上"这本书实在不怎么样"的字样给书商又寄了回去。

但是书商拿到书后又如获至宝，并且对来书店的每一位客人介绍说——"这是一本把总统气得发抖的书"，大家出于好奇，纷纷购买，致使这本书也十分畅销，而且这本书比第一本书还要畅销。

这个消息又传到了总统的耳朵里，没过多久又收到了书商寄来的第三本书，但是这次总统没有给书进行任何的评价，把书原封不动地给书商寄了回去。这次书商找的卖点是"总统没有看明白，一本连总统都看不懂的书"——又一次大卖，而且比前两本的销路还要好。

帆船出海，风筝上天，无不是"好风凭借力，送我上青云"。人的成功，需要借力借势，"借一切"。

3.悦耳动听,给你的声音加点"料"

马青远是一家颇有实力的经贸公司的经理, 每天都会有许多人打电话与他洽谈合作事宜,而最近他却出人意料地与一家名不见经传的小企业签了一份金额为数不小的订单。

马青远说:"这还真得归功于那位打电话过来的女业务员。其实她也没有什么过人的口才,只是很客观地向我介绍他们的企业和产品。她的声音低沉而有力,语调里传达出语言所无法表达的诚恳、热情和自信,我不由自主地就信任她。通了几次电话后,我又亲自去实地考察了一番,最终达成了协议。通过这件事我得出一个结论:动听的声音在愉悦听觉的同时,也为说话的人增添了几分吸引力。"

是的,声音是一项非常重要的沟通工具,它能够清楚地表明你是谁,并且决定了外界如何倾听你以及看待你。

一位执行董事因其单调、乏味的说话方式,而令自己的领导效率大打折扣;一位高级经理人因为声音粗哑,而与晋升失之交臂;一位广告经理人因为说话的声音软绵绵的并且不清楚,而使原本极具震撼力的创意陈述变得平淡无奇;一位销售经理人因为说话像开机关枪一样,而让他的客户觉得难受,并且无法信任他;一位国际顾问因为说话带着浓重的外国口音,而令人们很难听懂他在说些什么。

不论你喜欢与否,外界对一个人的判断,并不是看他的学识或行为如何,也不是看他讲话内容的好坏,而是根据他讲话的方式。

加州大学洛杉矶分校的一项调查显示，在决定第一印象的各种因素中，视觉印象(即外貌)占55%，声音印象(即讲话方式)占38%，而语言印象(即讲话内容)仅占微不足道的7%！如果双方电话交谈，由于不存在外貌因素的影响，声音更是占到83%的比重。

几年前，有一个针对"最不受欢迎的声音"的调查，1000名男女受访者被问及"哪种讨厌或烦人的声音让你觉得最不舒服"。结果，带有哀叹、抱怨和挑剔的口气的声音高居榜首。榜上有名的还有：尖锐的声音、刺耳的摩擦声、嘟嘟囔囔的声音、放机关枪似的声音、娘娘腔、单调乏味的声音，以及浓重的口音。

显然，声音是一项非常重要的沟通工具。它能够清楚地表明你是谁，并且决定了外界如何倾听你以及看待你。许多经理人，既有着前进的能力也有着前进的动力，但却因为一个普通的"说话"问题阻碍了自己的成功之路——包括职业和生活两个方面。

如何使用自己的声音可以让倾听者对你留下两种完全不同的印象，可能是果断、自信、可靠、讨人喜欢的印象，又或者是不可信、软弱、讨厌、无趣、粗鲁甚至不诚实的印象。事实上，糟糕的声音会轻易毁掉一个人的职业生涯和人际关系网络。那些过分重视礼仪、穿着和外表的人，往往不约而同地忽视声音在自己给他人留下的印象中所起的重要作用。

你的声音听起来怎么样?找出其中自认为比较好的一两个方面，再找出一到两个需要改进的地方。

4.微笑是最好的礼物

你想给身边的人一个热心诚恳、活泼开朗的美好印象吗？你想在朋友中变得与众不同吗？

那么，扬起一张可爱的笑脸吧！无论你此时此刻的心情究竟如何，保持微笑永远是最佳表情。

微笑，是一捧阳光，可以洒在每个人的心底。她没有国界、没有宗教、不分种族。它是一句世界语，人人会之、用之。它是人类最基本的动作。像一杯咖啡，它让我们在严严冬日里取暖；像一片薄荷，让我们在烈烈夏日里感受清凉。就像某位哲人说的："只用微笑说话的人，才能担当重任。"

当我们与不熟悉的人第一次见面时，我们首先会关注到的是他（她）脸上的表情。不难想象，如果那个人脸上盘旋着浓浓阴云，你的心情会如何？你对那个人的印象又会是如何？反过来想，如果你想给身边的人留下美好的印象，你的选择是什么？

是的，保持微笑。

你是否会在一段时间里突然变得心烦意乱？是否经常因为鸡毛蒜皮的事而和身边的人吵得不可开交？是否会因一点利益而斤斤计较？如果答案是肯定的，那么你一定忘记了微笑。

微笑，包含着丰富的内涵。它孕育着一种神奇的吸引力。再没有什么比保持微笑更具魅力了，它让身边的人忍不住想要接近。

美国密西根大学心理教授詹姆士对人的微笑注解道："面带微笑的人，通常对处理事务，教导学生或销售行为，都显得更有效率，也更能培

育快乐的孩子。笑容比皱眉头所传达的信息要多得多。"

美国钢铁大王卡内基说:"微笑是一种神奇的电波,它会使人在不知不觉中同意你。"在一次盛大的宴会上,一个平日里对卡内基很有意见的商人在背地里大肆抨击卡内基,当卡内基在人群中听到他高谈阔论的时候,卡内基并没有愤怒,而是一直安详地站着,脸上挂着微笑。等到那个人发现卡内基就在他旁边的时候,他感到十分尴尬,于是想要从人群中穿出去。而卡内基却微笑着走到他面前,亲切地与他握手。后来,他们成为了挚友。这便是微笑的力量。

培养一个友好、真挚、楚楚动人的微笑,它不仅表明我喜欢你,而且也预示着"我想,你也一定会喜欢我"。为此,善于交际的人在人际交往中的第一个行动就是微笑。

为什么不在要去上班的时候,对大楼的电梯管理员微笑着道一声"早安"?为什么不用微笑跟大楼门口的警卫打招呼?为什么不对地铁的检票小姐报以微笑?为什么不在到达公司时,对那些以前从没见过自己微笑的人微笑?

一张笑脸是最好的礼物,它价值连城,却不花费一厘钱。它使赠送的人心情愉悦,同时使接受的人变得富有。微笑是心灵无声的问候,微笑是彼此的真诚默契。

当你微笑面对生活的时候,你就会发现生活也会向你微笑。当每个人都可以"玩转笑脸",你会发现,生活,就是美丽的享受!

5.正确地使用寒暄语,是你最好的选择

相传东汉时期有一个"倒屦相迎"的故事,说的是东汉时期的大学问家蔡邕。他是蔡文姬的父亲,文史、辞赋、音乐、天文无不精通,官任皇室右中郎将,人称"人学显著,贵重朝廷,常车骑填巷,宾客盈座"。但他从不摆架子,从不傲慢,很善于和人交往,好朋友很多。

有一次,他的好友王粲来拜访,正逢蔡邕睡午觉。家人告诉他王粲来到门外,蔡邕听到后,迅速起身跳下床,急急忙忙踏上鞋子就往门外跑,由于太慌忙,把右脚的鞋子踏到了左脚上,把左脚的鞋子踏到了右脚上,而且两只鞋都倒踏着。当王粲看到蔡先生是这么个模样,便捱着嘴笑起来。由此便有了"倒屦相迎"之说,借以比喻对朋友的热情与诚意。

以热情有礼的态度迎接客人或远道而来的朋友、上司,会让他们有"宾至如归"之感。

平时上下班的时候,总是会遇到一些或熟悉或面生的领导,遇到在一个院子或一个大楼上班的同事,如果仅是擦肩而过,点头致意便可以,但是如果身处一个电梯,避免不了地就要微笑着寒暄几句。

寒暄,亦做"暄寒"、"暄凉",指见面问候起居寒暖的客套话。寒暄,是在与他人相遇、交往、沟通等环节中不可缺少的一种语言形式,是相互问候的一种礼节语言形式,是人们生活必备的能力。小区里,大嫂大娘们见面可以家长里短;生活中,哥们义气可以表现为抱着脖子搂着腰侃大山。

它通常被作为交谈的"开场白"来使用，在谈话进入主题之前一般应适度寒暄。碰上熟人，也应当跟他寒暄一两句。若视而不见，不置一词，难免显得自己妄自尊大。

《司马迁》一书中有这样一段文字："司马迁拿吴福当人，吴福也很尊敬司马迁。在宫中只有司马迁跟吴福见面时很认真地寒暄，吴福就觉得司马迁是个正直的人。后来，汉武帝要杀司马迁、诛灭司马氏时，是吴福救了他，司马迁才逃过一死。"

为什么司马迁要和吴福"寒暄"呢？文中说得明白：因为"司马迁拿吴福当人"。那么，为什么拿人当人就需要与之"寒暄"呢？

因为他尊重了寒暄的起码要求——"尊重他人的存在"。

寒暄常用于相识、相知之人，但并不是说不相识的人之间就不能用。如果在被介绍给他人之后，跟对方寒暄几句，是可以表现出殷切、乐于与对方交往的情绪的。反之，如果在本该与对方寒暄几句的时刻，却一言不发，则是极其无礼的。对方如果与你寒暄，而你只向他点点头，或是只握一下手，通常会被理解为不想与之深谈，不愿与之结交。寒暄的用途很广，还可以让人们在人际交往中打破僵局，缩短人际距离，向交谈对象表示自己的诚意与亲近，或借以向对方表示乐于与他结交之意。因此，如果在与他人见面之时，你想给对方留下亲切热情、开朗善谈的印象，正确地使用寒暄语，是你最好的选择。

寒暄的形式多种多样，以下列举几种：

招呼型：

不同于一般人的打招呼，而是将一日未见如隔三秋式的情感注入其中，"好久没见了，你近来怎样""多日不见，可把我想坏了"等。交谈者可根据不同的场合、环境、对象对别人进行不同的问候。

问候型：

多日未见相互问候，既可问候友人的身体健康、处境、前途等，也可问候其家人的状况以示关怀。西方人爱说："嗨！"中国人则爱问："你气色不错""去哪儿""忙什么""身体怎么样""在忙什么呢"等这些貌似提问的话语，并不表明真想知道对方的起居行止，往往只表达说话人的友好态度，听话人则把它当成交谈的起始语予以回答，或把它当作招呼语不必详细作答，只不过是一种交际的媒介。如果用得好，能密切关系，增进友谊。

关切型：

也称为"关怀型"寒暄。如询问对方本人、子女、家庭、事业的进取等以示对对方的关心。例如，"最近身体好吗？""来这里多长时间了，一切还习惯吗？""最近工作进展如何，还顺利吗？""生意好吗？"……

触景生情型：

触景生情型是针对具体的交谈场景临时产生的问候语，比如对方刚做完什么事、正在做什么事以及将做什么事，都可以作为寒暄的话题。如早晨在家门或路上问："早晨好，上班吗？"在食堂里问："吃过了吗？"在图书馆或教室里问："这么用功，还在读书啊？"这种寒暄，随口而来，自然得体。

夸赞型：

心理学家根据人的天性曾作过如下论断：能够使人们在平和的精神状态中度过幸福人生的最简单的法则，就是给人以赞美。作为一个社会成员，都需要别人的肯定和承认，需要别人的诚意和赞美。比如，你的同事新穿一件连衣裙，你可以用赞美的语言说："小张，你穿上这件连衣裙更加漂亮了！"小张会很高兴。老李今早刮了胡子，你可以说："老李越来越年轻了。"老李也会很高兴。

当然，以上所提到的寒暄类型，只是适用于原本相识相知的人们之间的用语，亲切具体。初次见面的寒暄也分几种类型。

言他型：

这类话也是日常生活中常用的一种寒暄方式。特别是陌生人之间见面，一时难以找到话题，就会说类似于"今天天气真好"之类的话，可以打破尴尬的场面。言他型是初次见面较好的寒暄形式。

攀认型：

在人际交往中，只要彼此留意，就不难发现双方有着这样那样的"亲""友"关系，如"同乡""同事""同学"甚至远亲等沾亲带故的关系。在初次见面时，寒暄攀认某种关系，一见如故，立即转化为建立交往、发展友谊的契机。三国时，鲁肃见诸葛亮的第一句话是："我，子瑜友也。"(子瑜是诸葛亮的哥哥诸葛瑾)这短短一句话，就奠定了鲁肃与诸葛亮之间的情谊。在现实生活中这种攀认型的事例比比皆是，如"我出生在武汉，跟您这位武汉人可算得上同乡啦！""您是研究药物的，我爱人在制药厂工作，咱们可算是近亲啊！""噢，您是北大毕业的，说起来咱们还是校友呢？"这些事例，告诉我们在交际过程中，要善于寻找契机，发掘双方的共同点，从感情上靠拢对方，是十分重要的。

敬慕型：

这是对初次见面者尊重、仰慕、热情有礼的表现，如"久仰大名！""您的气质真好！"要想随便一些，也可以说"早听说过您的大名""某某某人经常跟我谈起您"，或是"我早就拜读过您的大作，获益匪浅""我听过您作的报告"等。

跟初次见面的人寒暄，最标准的说法是："你好""很高兴能认识您""见到您非常荣幸"。比较文雅一些的话，可以说"久仰"，或者说"幸会"。

我们所提倡的寒暄要求以"谦语"当先。寒暄语应带有友好之意，敬重之心。既不容许敷衍了事般地打哈哈，也不可用以戏弄对方。牵涉到个人私生活、个人禁忌等方面的话语，最好别拿出来"献丑"。熟人之间的寒暄尽可随意一些，但绝不能涉及人事、涉及他人隐私、涉及收入状况，为了

避免误解,统一而规范,以"您好"、"忙吗"为问候语,是最保险的。选择和谐的、与自身价值融洽为一体的语言是非常必要的。

寒暄语不一定具有实质性内容,而且可长可短,需要因人、因时、因地而异,而它却不能不具备简洁、友好与尊重的特征。寒暄语应当删繁就简,不要过于程式化,像写八股文。例如,两人初次见面,一个说:"久闻大名,如雷贯耳,今日得见,三生有幸。"另一个则道:"岂敢,岂敢!"搞得像演古装戏一样,那就是画蛇添足,大可不必。

另外,寒暄的话还具有非常鲜明的民俗性、地域性的特征。比如,老北京人爱问:"吃了吗?"其实质意思就是"您好!"若以之问候南方人或外国人,常会被理解为:"要请我吃饭""讽刺我不具有自食其力的能力""多管闲事""没话搭话"……从而引起误会。

有个相声,说一个人无论在什么情况下都以"吃了吗"这句话与人问候,甚至与刚从公厕出来的熟人也是这样,结果引起别人的反感。虽然这比较极端,但它正说明了使寒暄语要注意特定的环境。

寒暄能使不相识的人相互认识,使不熟悉的人相互熟悉,使沉闷的气氛变得活跃。尤其是初次见面,几句得体的寒暄会使气氛变得融洽,有利于顺利地进入正式交谈。但有一点必须注意的是,使用寒暄语一定要注意特定的对象与环境。

如果你是下级,一定要态度谦逊而恭敬地先问候上司,但是不能随便问候。比如,不能问领导最近的身体状况。下属问上司,旁人听了都会觉得很奇怪。如果领导有病,大多会讳疾忌医,不愿让别人知道,更不愿让别人提起;如果没有病,你这样问候,似乎是他有病,所以会很不痛快。再比如,也不能问人家老婆孩子怎么样。同样地,那也是上司关切下属时能够"寒暄"的。再有,也不能问及上司的朋友的状况,因为你说不准领导对那些朋友的真实想法。更加不能问的就是人事关系、上层秘密问题,这些是官场上敏感的东西,谁也不敢妄言。

　　那么,说了这么多不能问的,想必你一定要问:"能说什么呀?"

　　其实,只能问候的就是一句话:"领导最近忙吧?"注意!是"吧"而不是"吗"。一字之差,缪之千里,一个"吧"和一个"吗"的区别也很大。

　　前者带有肯定和巴结的意思,觉得领导一定很忙很累的,似乎问候中有着关心的意思,让领导觉得你比较贴心。如果用"吗",那就含有居高临下的味道,似乎是随意地询问,让领导心中不快。

　　如果你是上级,那么遇到下属的时候,要温和地微笑致意,不能够主动"寒暄"。因为那会使自己"掉价"。待下属问候之后,可以显得亲切地、无比关怀地寒暄几句:最近怎么样,工作忙吗? 如果知道下属的姓氏,一定要加上"小",下属觉得上司日理万机竟然还认识自己,一定会觉得一股暖流涌遍全身,备觉亲切。

　　如果你还了解对方家庭的一点情况,就可以显得随意而关切地问:"你母亲最近身体怎么样呀?""孩子上学怎么样呀?"等等。这样的情形一定会让下属感激涕零了。

6.握手时要"该出手时才出手"

　　握手是一种礼节,是人际交往的必备动作,代表着一种友好情感的传递。在现代商业社会,见面握手是最基本的礼仪,它貌似简单,其实承载着丰富的交际信息,你是否明白其中的礼仪细则,能否"正确"地行握手礼呢?

　　玫琳凯化妆品公司创始人玛丽在当推销员时,有一次,销售经理召集

他们开会。会议结束时,大家都希望同经理握握手。玛丽排队等了3小时,终于轮到她与经理见面。经理在同她握手时,甚至连瞧都不瞧她一眼。经理用眼去瞅她身后的队伍还有多长。善良的玛丽理解他一定很累。可是,自己也等了3小时,同样很累呀!

自尊心受到了伤害的玛丽暗下决心:如果有那么一天,有人排队等着同自己握手,自己将把注意力全都集中在对方身上——不管自己多累!

她后来多次站在队伍的尽头同数百人握手,常常持续好几个小时。无论多累,她总是牢记当年自己排那么长的队等候同那位销售经理握手时所受到的冷遇。如有可能,总设法同对方说点亲热话——也许只是一句,如"我喜欢你的发型"或"你穿的衣服多好看呢"。她在同每一个人握手时,总是全神贯注,不允许任何事情分散了自己的注意力。

这样握手,使数百人中的每一个人都觉得自己是世界上最重要的。

她的公司就这样成为了世界上的知名企业。

当你跟对方握手时,目光一定要注视对方的眼睛,以表示你的专注和真诚。切不可一边跟对方握手,又同时东张西望,这样显得对对方不尊重;也不要注视对方的其他部位,而降低了对其本人的热情。

另外,握手是应该有先后顺序的。在介绍人的时候,标准化做法是位高者居后,即地位高的人后介绍。握手的标准化做法则恰恰相反,我们称之为位高者居前。主人、年长者、妇女也应该先伸手。客人、年轻者、身份低的人以及男士见面先问候,待对方伸出手再握。多人同时握手时,不要交叉,待别人握完后再伸手,握手时要微笑致意。男子与妇女握手时,只握一下妇女手指部分,军人戴军帽与对方握手时,应先行举手礼,然后再握手。

相信在日常生活中,很多人对握手的学问似懂非懂。见面握手时要"该出手时才出手"。一般来说,先伸手的一般为长辈、身份较高者、女士、

主人等。男人和女人在社交场合见面的握手礼仪尤其要注意。

举个例子,有两个人在社交场合见面,别人介绍这一位是A先生,那一位是B小姐。那么两个人愿不愿意聊天、愿不愿意认识、愿不愿意换名片,都应该是由B小姐决定的。B小姐若不想认识这个A先生,她跟他笑笑:"你好!"寒暄一下就过了。如果A先生要上去高攀:"您在哪儿高就啊?方便给张名片吧!我能跟你认识吗?"那叫作不自觉。但如果此时B小姐跟他握手,则说明她接受他了。下面的话题可能就跟进了:交换名片,留个电话,以后有机会再约一约。

切记:如果要握手的话,一般规则是由女性先伸手。当然,假如你是一个女孩子,万一碰到一个男同志不太自觉,他先伸手了,也别让他伸出来的手回不去,否则他会非常尴尬。

但有的时候你可能也会遇到尴尬的情况,比如对方可能没有注意到你伸出去的手,或者根本无意与你握手!在前一种情况下,你只要微笑着收回你的手就可以了,虽然有点尴尬,但这种情况是每个人都可能碰到的,大可不必放在心上。后一种情况则让人不可原谅,在现实生活中也十分少见。但是如果你真的遇到如此无礼的人,不要生气,有风度地收回你的手吧,因为你不必在意一个不值得交往的人。

7.鼓掌事小,事关者大

鼓掌俗称拍手,可以表示高兴、表示欢迎、表示欣赏、表示赞许、表示满意、表示鼓励、支持或者感谢。同时,它也是自我振奋的一种方式。但有的时候,它只是机械的、无意识地拍打,表达的仅仅是对周围气氛的一种

呼应,而不是大脑的理性思考。这个动作从何时起开始成为人类约定俗成的沟通表达方式已难考证。但是,可以确定的是,它与我们的生活密不可分。人们在沟通中使用最多的行为语言之一,便是鼓掌。它是如此重要又是如此普通——在一些特定的场合,"鼓掌"已经成为一种重要的礼仪和程序。如今,它已经成为公众场合最为常见的集体运动。

鼓掌不但是一种技能,而且是一门学问。鼓掌可不是想鼓就能鼓的,也不是不想鼓就能不鼓的,那得看场合、看需要,看谁在台上表演……一句话,在特定场合,作为观众的两只手掌不完全是属于你自己的。

日常的活动中,少不了鼓掌。但是,就是这样仅用双手合并就这么一"拍",看似人人都"精通"的事儿,却并不像眼睛看到的这么简单。不是人人都能去鼓掌,也不是时时、处处都可以鼓掌,更不是人人都懂得如何鼓掌的。鼓掌,是人与人之间交流的一种象征,有真有假。喝彩的分量和诚意也有大小之分,真诚的鼓舞可以消解误会、消解嫌疑、消解无所谓的争执和愤慨。

鼓掌大多发生在一些比较正规的场合。例如,会议中、领导或嘉宾讲话时、演出中等。换句话说,鼓掌是"有组织、有纪律"的、有规矩的。军队中的鼓掌就是要求非常严格的情况下——清脆不拖拉。从一个人是否了解是不是该鼓掌、掌声大小、时间长短、热烈与否……这些中就完全可以看出一个人的礼仪与修养。因此,一定要注意以下几种情况。

第一,大型会议上,人员众多。这时你只不过是众人中的一个,不会引人注意,那么就不需要顾虑是不是该鼓掌、掌声大小、时间长短、热烈与否等这些问题,你尽可以随心所欲地鼓掌。

第二,如果是小型会议上,与会者不过是十几个人,甚至几个人,那么无论讲话者还是领导者都近在咫尺。这个时候,就需要你认真、用力、真诚地鼓掌,充分表现你对讲话者的支持与赞同,以及对领导者的尊敬与爱戴。如果你能够成为"领掌"的人,那就最好不过了。这种最大程度地给

予讲话者和领导者支持与肯定是最好的制造"好感"的机器。

第三,表演舞台下的你,作为一名观众,更要深谙鼓掌之道。可以鼓得多一些、用力一些,但切记不可喝倒彩。因为那是最无知、最没有素质的表现。

第四,如果你作为一个领导者,那么鼓掌就要适可而止。万万不可鼓得过于热烈。领导者正确的鼓掌方法是:节奏偏慢一些,既不鼓得很响,也不要不响,时间不可以太长,但也不能只有两三下,眼含笑意,目露慈善,目光要在扫视大家后盯住演讲者,频率要低,双手有力、有节奏地相互拍击。这样鼓掌的领导既不失威信,又赢得了尊重。

第五,如果是普通的在职人员,那么鼓掌就与领导方法截然相反:节奏要快,掌声要响,时间要长,频率要高,双手要用力,要有真诚的眼光。

第六课

求同

——让别人喜欢你的心理策略

1.以自然毫无做作的行动取得对方的信赖

《史记》中有句名言叫做"桃李不言,下自成蹊",意思是说桃李虽然默默不语,但由于会开美丽的花、结出可口的果,所以人们自然喜欢走近它们,而在树下形成小径。这是比喻一个人若能诚信待人,无须开口,就会获得人们的帮助和支援。这句话是《史记》的作者司马迁,用来歌颂李广这位将军的。

李广将军究竟是何许人物,能够让司马迁如此看重呢?

李广是西汉名将,勇猛善射,讨伐匈奴有功,武帝时任卫尉,后任右北平太守,使匈奴数年不敢南侵,因而被誉为"飞将军"。但李广似乎也时乖命舛,由于受武帝及外戚军人卫青等的嫉视,虽然屡建奇功,却始终未封侯。李广死得也很悲惨。已近年迈,李广仍鞭策衰躯,自愿随大将军卫青远征匈奴,在行军中却因受卫青排挤而迷了路,以致影响作战计划,最后引咎自刎而死。

李广虽是个以悲剧收场的将军,但就其对人心的收揽而言可说是非常成功的,部下对他无不心服。李广自刎而死的消息一传开,根据记载:"广之军士大夫,一军皆哭。"也就是说,非但其属下部将,连士卒都为李广的死而恸哭。不仅这样,连全国人民,不管是否直接认识他,也都为李广的死而流泪悲痛。

李广所以如此广受全国人民的仰慕,固然是因其具有与匈奴70余载皆胜的辉煌战果,但其所以受部下爱戴,主要原因还是在于李广平时对

待部下的态度。

李广一生淡泊名利,若有恩赏必将之悉数分配给部下,每天都与士兵吃相同的饭食,一生当中,虽有四十年以上期间两千石的俸禄,但李广家中从无恒产,也从未有人听他发过一句牢骚。

行军中,全军兵马饥渴交迫时,好不容易发现可供饮用的水,李广从未抢先饮用,必定等到全军兵马喝足才饮;食物也一样,在部下还没有全部分配妥当以前,自己也从未先吃过。

有位同僚将军曾这样评价李广的军队:"李广的军律未免太松懈了,若遭突袭则必然不堪一击。但是,士兵行动虽然松散,却都是随时乐意为李广效命的勇士!"由此可见部下们都衷心仰慕李广,对李广的命令也都乐意服从。

司马迁在记述李广事迹以后,还引用《论语》中"其身正,不令而行,其身不正,虽令不从"这句话评说李广。而对李广平时的为人则总结为:憨厚如乡巴佬,口讷如结巴样。

可见李广看起来就像憨厚的乡下人,而且又是个拙口笨舌的人,居然不用提出什么口头的要求,就能够使其部下心服口服,心甘情愿为他而死。

战国时著名军事家吴起也发生过一个类似的故事。当时吴起担任魏国的将军,领兵攻打中山国。有个士兵长了疮,吴起就跪着替他吸吮脓血。这番情景恰好被这个士兵的母亲见到了,站在那里就哭了。人们问她:"吴将军待你儿子这么好,你为什么还要哭?"

她回答说:"当年吴将军也曾为我儿子的父亲吸过伤口的脓血,后来他为此而拼命报效吴将军,结果战死了。如今我儿子看来又要送命了,我怎么能不伤心呢?"

爱兵如子是中国人推崇的带兵之道，不少文人墨客都曾宣扬这种"将军的仁慈"。但在母亲看来，这种仁慈则是赶着士兵去送死的一道"催命符"。那身受将军如此厚爱而又拿不出什么东西回报的小兵，自然只有以死相报了。

李广和吴起的故事就是所谓用行动表现的"无言说服术"，也是收揽人心的极致。收揽人心靠的不是花言巧语、钻石珠宝，而是以自然毫无做作的行动取得对方的信赖、抓住对方的心，获得对方的支援和帮助。也就是说，在求人之前，不妨先给予别人一点什么，让对方能记住你，想着有一天能有机会回报你对他的好。而当你有求于他时，便是他回报你的时候。

2.谨防好心办坏事

帮助他人是中外的传统美德，但是，如果你帮助别人时不注意方式，往往会损害受帮助者的尊严。这时候，你的帮助就会变味，不但帮不了人，还会给受帮助者带来莫大的危害。

战国时期，诸侯混战，民不聊生，这一年，齐国大旱，饥民遍野。有一个富人叫黔敖的，开仓赈灾，吩咐人路边准备好饭食，以供路过饥饿的人来吃。这时，有一个瘦骨嶙峋的饥民走过来，只见他满头乱蓬蓬的头发，衣衫褴褛，将一双破烂不堪的鞋子用草绳绑在脚上，他一边用破旧的衣袖遮住面孔，一边摇摇晃晃地迈着步，由于几天没吃东西了，他已经支撑不住自己的身体，走起路来有些东倒西歪了。

黔敖看见这个饥民的模样，便特意拿了两个窝窝头，还盛了一碗汤，

对着这个饥民大声吆喝着："喂，过来吃！"饥民像没听见似的，没有理他。黔敖又叫道："喂，听到没有？给你吃的！"只见那饥民突然精神振作起来，瞪大双眼看着黔敖说："收起你的东西吧，我宁愿饿死也不愿吃这样的嗟来之食！"说完，这个饥民昂首挺胸地走了，最后饿死了，但是他宁死不吃"嗟来之食"的精神却流传了下来。

一个人饥饿到了极点，到了几乎不能维持自己生命的时候，却依然能够拒绝别人轻蔑的施舍，让他能够付出生命代价去维护的，就是他的尊严。每个人都遇到过难处，都有请求别人帮助的时候，在人们准备请求获得帮助的时候，他们首先想到的是如果别人拒绝自己怎么办？在这个时候，他们的心灵就已经极其敏感了。

如果你不是一个死缠烂打的人，那么你一定会考虑到：假如对方表现出些许的为难，或者说了推辞的话，你会怎么办？当然是体谅人家的难处，收回自己的请求，如果对方对你不尊重，冷嘲热讽呢？我们自然会挺直腰杆，宁可无助，也决不再接受对方的帮助。

所以，我们帮助别人的时候，一定要注意维护对方的尊严，不要让他们已经受到创伤的心灵再受伤害。

曾经有一个残疾的乞丐，他断了一只手臂。一天，他来到一户人家门口，向主人乞讨活命的食物。这时，从里面走出一个中年妇女，她仔细端详了乞丐一番，对乞丐说："现在经济形势这么恶劣，我没有多余的钱施舍给你，不过，如果你能帮我们家做一些事的话，我倒不介意为此付给你工钱。"

乞丐纳闷了：自己一个残疾人，能干什么呢？妇人把乞丐带到后院的一堆砖边，指着那堆砖说："你只要把这些砖搬到前院的话，我就给你钱。"

乞丐听完后，很气愤，压抑不住心中的怒火，说："你明知道我只有一只手，还叫我搬砖！不给钱就算了，你还羞辱我！"但那妇人却拿起一块

113

砖,对他说:"拿起一块砖,一只手的力量就足够了!你虽然只有一只手,但你可以用你的一只手搬砖啊,照样可以靠自己的劳动赚钱!"乞丐听完后,似乎懂得了什么,他吸了口气,用他的一只手,一个一个地把砖搬完了。妇人看着乞丐把砖搬完后,也实行了自己的诺言,给了些钱给乞丐。

几年后,有一个气度非凡,身穿西装的青年来到这个妇人家,感慨万千地感谢那妇女,那位妇女开始并不知道他是谁,后来看出了那人是独臂,才想起是当年来自己家乞讨的那位乞丐。那乞丐现在成了一家搬运公司的老板,他正是用他的那一只手,成就了自己的一番事业。这位青年对妇女说:"非常感谢您,要不是您帮我找回我的尊严,我哪会有今天!如果没有您对我的教诲,我……"

妇女又领他来到了后院,指着依然堆在那里的砖头说:"呵呵,其实我并不需要挪动那堆砖头,这些年来,每个到我家来寻求帮助的人,我都会让他们搬那堆砖头,我只是想让他们体面地获得帮助。同时告诉他们:要用自己的劳动来换取钱财,今天你的成就,都是你辛勤的劳动和自信带来的!"

故事中这个妇人的办法非常高明,在帮助别人的同时,她很好地维护了对方的尊严,并且通过劳动给对方一个提示——尊严可以靠劳动来维护,命运也可以靠劳动来把握。

在今天的社会里,人和人之间的关系变得异常密切,这也就导致互帮互助变得越来越平常。但在有些人的意识里,帮助者和受帮助者并不是平等的,帮助人的人处于强势地位,自然可以高高在上,而受帮助者由于有求于人,就应该卑躬屈膝,低人一等。

在这种观念的误导下,他们在帮助别人的时候,会显露出自己的优越感来,从而使自己表情变得傲慢,语气变得不屑,言辞变得尖刻,眼神变得冷漠。给受帮助者一种心寒的感觉。设身处地地为他人想一想,如果我们处在受帮助者的位置,我们还能接受这样的"帮助"吗?

　　帮助别人需要热心,更需要技巧,而这些技巧中最重要的一条,也是最有原则性的一条,就是要维护对方的尊严,让他人愉快地接受你的帮助,而没有产生心理负担。

　　我们在电视上、新闻里看到过不少企业和个人出资帮助遇到困难的个人和家庭的事件,习惯性的报道方法就是先说受帮助者如何困难,再说帮助人的人如何心善,最后让受帮助者对帮助者千恩万谢。

　　我们不用怀疑自己的动机,也不怀疑自己的真诚,但是,有时候,我们的一些善意的举动不仅没有帮到受助者,反而让受助者处于一个非常尴尬的境地。实际上,当一个人的家庭状况被赤裸裸地公布于大庭广众之下,当一个人向恩人鞠躬磕头的镜头登上电视银屏的时候,他的尊严,已经或多或少地受到了伤害。

　　你和别人之间的尊重是相互的,你尊重别人,才能真正帮到别人,才能获得别人受到帮助后对你发自内心的感激!

3.适当吃点小亏,你将是最终的受益者

　　史学家范晔曾经有一句名言:"天下皆知取之为取,而不知与之为取。"没有无回报的付出,也没有无付出的回报。一般的情况下,付出越多,得到的回报越大,只想别人给予自己,而自己只等着接受,那么回报的源泉终将枯竭。有一句话说得好,"爱出者爱返,福往者福来",人世间的绝大部分事情,给予了付出才有回报。

　　春秋战国时期,孟尝君求贤若渴。他待人真诚,感动了一个才华横溢

而十分落魄的士人,这个人名叫冯谖。冯谖在受到孟尝君的礼遇后,决心为他效力。有一天,孟尝君想派人到其封地薛邑讨债,问谁愿意去,没有人出来应答。

半晌,冯谖站了出来,说:"我愿去,但不知用催讨回来的钱,需要买什么东西?"孟尝君说:"如果要买的话,就买点我们家缺少或没有的东西。"众人听了都为冯谖捏一把汗,因为世间稀罕之物,孟尝君应有尽有。

但是冯谖好像没有考虑那么多,马上领命而去。他到了薛邑后,见到老百姓的生活十分的穷困。百姓听说孟尝君的讨债使者来了,都满腹怨言。于是,冯谖召集了邑中居民,对大家说:"孟尝君知道大家生活困难,这次特意派我来告诉大家,以前的欠债一笔勾销,利息也不用偿还了,孟尝君叫我把债券也带来了,今天当着大伙的面把它烧毁,从今以后,再不催还!"说着,冯谖果真点起一把火,把债券都烧了。薛邑的百姓没有料到孟尝君是如此仁义,个个感激不已,觉得这辈子没法回报孟尝君了。

冯谖说:"用不着大家回报,既然孟尝君连钱都不在乎,又想要大家回报什么呢?"后来冯谖回去复命,孟尝君问他:"你讨回来的钱呢?"冯谖回答说:"不但利钱没讨回,借债的债券也烧了。"孟尝君很不高兴,觉得冯谖没有经过自己的允许就擅自做主把债券烧了,实在是没有把自己没放在眼里。

冯谖对他说:"您不是要叫我买家中缺少或没有的东西回来吗?我已经给您买回来了,这就是'义'。焚券市义,这对您收归民心是大有好处的啊!"

数年后,孟尝君被人诬谗,齐相不保,只好回到自己的封地薛邑。薛邑的百姓听说恩公孟尝君回来了,倾城出动,夹道欢迎,表示坚决拥护他。孟尝君深受感动,这时才体会到冯谖的"买义"苦心。对孟尝君而言,小的损失可以换取大的利益。

冯谖用那些根本就难以收回的债券,换回了民心,使得孟尝君年老回归自己的封地,大受拥戴,不得不说冯谖当初的举动是很高明的。

时至春秋末年,齐国的国君荒淫无道,横征暴敛,逼民无度。齐国的贵族田成子看到这种情况后,对他的僚属说:"公室用这种榨取的手段,虽然得到了不少财富,但这种取是'取之犹舍也'。仓储虽实,但国家不固,终是'嫁衣'。"于是田成子制作了大、小两种斗,打开自己的仓储接待饥民,用大斗出借谷米,用小斗回收还来的谷米,以这样的方式来赈济灾民。

于是,不少齐国人不肯再为公室种田,反而投奔于田成子门下。田成子用这种大斗出小斗进的方式,借出的是粮食,收进的却是民心。虽然给予了粮食,实则得到了更多的东西。果然,齐国的国君宝座最后为田氏家族所得。那些粮仓的米为田家换得了天下,不可不谓是"大得"啊!

常言说"吃亏是福",一辈子不吃亏的人是没有的。问题在于我们如何看待"吃亏"。人际关系中,无法做到绝对公平,总是要有人承受不公平,要吃亏。倘若人们强求世上任何事物都公平合理,那么,所有生物连一天都无法生存。而真正肯吃亏的人,往往都是最终的受益者。

4.有荣耀不独享,有功劳不独吞

身在职场,你要时刻记住这句话——功劳是大家的,责任是自己的。你有了荣誉一定要记住与他人分享,千万不要企图独自吞食。即使你凭一己之力得来的成果,也不可吃独食。

现代社会充满竞争,当你踏入工作岗位,面临的就是同事之间的竞争。竞争的结果无非有两种:一种是它可以让你变得更优秀;另一种是你不适应这种竞争,最终被淘汰出局。对于一个刚参加工作的人来说,也许

对公司的一切都一无所知,这就需要你去发现,去了解周围的同事。同时,周围的人们也在注视着你,这是肯定的,要想立足,首先就是要用竞争的姿态去适应工作环境。但是,不要因为竞争而丧失良好的印象,这需要你有个良好的尺度去把握。

谁都希望自己与荣誉和成功联系在一起,但是,如果你无视别人,就很难在职场立足。因此,不要感叹上司、同事和下属的度量狭小!其实造成最后这种局面的根源还是在于你自己。在享受荣誉的同时,不要忽略别人的感受。其实每个人都认为别人的成功中总有自己奉献的一份力量,而你却傻傻地独自抱着荣誉不放,别人当然不会为你如此自私的做法而感到舒服了。

美国有家家庭日用品公司,几年来生产发展迅速,利润以每年10%~15%的速度增长。这是因为公司建立了利润分享制度,把每年所赚的利润,按规定的比例分配给每一个员工,这就是说,公司赚得越多,员工也就分得越多;员工明白了"水涨船高"的道理,人人奋勇,个个争先,积极生产自不必说,还随时随地地检查出产品的缺点与毛病,主动加以改进和创新。

当你在职场上小有成就时,当然值得庆幸。但是你要明白:如果这一成绩的取得是集体的功劳,离不开同事的帮助,那你就不能独占功劳,否则其他同事会觉得你抢夺了他们的功劳。

老王是一家出版社的编辑,并担任该社下属的一个杂志的主编。平时在单位里上上下下关系都不错,而且他还很有才气,工作之余经常写点东西。有一次,老王主编的杂志在一次评选中获了大奖,他感到荣耀无比,逢人便提自己的努力与成就,同事们当然也向他祝贺。但过了一个

月,老王却失去了往日的笑容。他发现单位同事,包括他的上司和属下,似乎都在有意无意地和他过意不去,并处处回避他。

后来,老王才发现,他犯了"独享荣耀"的错误。就事论事,这份杂志之所以能得奖,主编的贡献当然很大,但这也离不开其他人的努力,其他人也应该分享这份荣誉,而现在自己"独享荣耀",当然会使其他同事的内心不舒服。

所以,当你在职场上有特殊表现而受到肯定时,一定不能独享荣誉,否则这份荣耀会为你的职场关系带来危险。当你获得荣誉后,应该学会与其他同事分享,大大方方地和同事分享功劳,一方面可以做个顺水人情,另一方面上司也会认为你很懂得搞好人际关系,而给你更高的评价。可是卖这份人情的手法必须做得干净利落,不可矫揉造作,更不可对同事抱着"施恩"的态度,或希望下次有机会讨回这份人情。正确对待荣誉的方法是:与他人分享、感谢他人、谦虚谨慎。

5.有钱大家一起赚,合作双赢是长久之道

现代商业社会,商场上的竞争充满了尔虞我诈、弱肉强食,如果说要在这样激烈的竞争中照顾到对方的利益,大部分人认为这是不可能的事情。然而,香港著名的企业家李嘉诚却告诉我们这点是可以做到的。

善待他人,是李嘉诚一贯的处世态度,即使是对竞争对手,他也是如此。香港《文汇报》曾刊登李嘉诚的专访,当时主持人问了他一个问题:

"俗话说,商场如战场。经历那么多艰难风雨之后,您为什么对朋友甚至商业上的伙伴抱有十分的坦诚和磊落?"

李嘉诚回答:"简单地讲,人要去求生意就比较难,如果生意跑来找你,就容易做。"他认为,一个人最要紧的是,要有中国人勤劳、节俭的美德。你可以节省自己,但是对别人却要慷慨。他说:"顾信用,够朋友。这么多年来,差不多到今天为止,任何一个国家的人,任何一个中国人,跟我做伙伴的,合作之后都能成为好朋友,从来没有一件事闹过不开心,这一点我是引以为荣的。"

这其中,最典型的一个例子就是他和老竞争对手怡和的事情。当时李嘉诚鼎助包玉刚购得了九龙仓,又击败置地购得中区的新地王,但是却并没有因此与纽璧坚、凯瑟克结为冤家。每一次战役后,他们都会握手言和,并联手发展地产项目。

追随了李嘉诚二十多年的洪小莲在谈到他的合作风格时,说:"要照顾对方的利益,这样人家才愿与你合作,并希望下一次合作。凡是与李先生合作过的人,哪个不是赚得盆满钵满!"

李嘉诚绝佳的人缘在险恶的商场中,简直是一个奇迹,而他之所以能创造这个奇迹,在人际场和生意场上如鱼得水,也是得益于他的善待他人,照顾竞争对手的利益。

有人说,在李嘉诚的生意场上,朋友多如繁星,几乎每一个仅有一面之缘的人,都会成为他的朋友。因此,李嘉诚在生意场上,只有对手,没有敌人,这不能不说是个奇迹。

俗话说得好:一个篱笆三个桩,一个好汉三个帮。在家我们可以靠父母,在外就要靠朋友了。尤其是在竞争激烈的商场,人缘和朋友更重要。李嘉诚的经验告诉我们,照顾竞争对手的利益,并不是吃亏,而是共赢,在获得自己利益的同时,还为自己留下了一笔"人情储蓄"。

有人说,一个善于交际的人必定是一个善于合作的人。在合作的基础上竞争,在竞争的基础上合作,这已经是人际交往的基本态势。如果只讲竞争,而不顾对方的利益,那么竞争必定是不择手段的恶性竞争和无序竞争,而人际关系的和谐也将无从谈起。

在如此残酷的竞争中,我们应当怎么做才能双赢呢?

首先,不要只想着如何让自己享受,而不让别人舒服,更不能以置对方于死地为后快;其次,考虑问题的时候,也不能只为自己着想,而不为他人考虑,或者是只顾眼前的利益,而不考虑长远的利益。

当遇到双方意见不统一时,要跳出自己固定的思维模式,谋求一个折中的方案。比如,对利益有争议时,双方可以坐下来诚恳地协商,必要时,双方都做出一定的妥协。这样就能互惠,还能让对方对你心存感激,以后将更愿意与你合作,而你得到的利益也将更多。

事实上,有钱大家一起赚,是生意场上交朋友的前提,也是自己获得更大利益的前提。这种照顾对方利益的行为,是真挚的温情,不会给对方造成心理负担,让对方觉得欠你一份情,以后一定会偿还。

只要我们在交际中,自己先退一步,给足对方面子,自己的底线上留有一定的弹性,与对方利益共享、共谋发展,那么,你做任何事就一定能取得最佳效果,达到自己想要的目的。

6.巧妙面对各种"是非人"

"来说是非者,便是是非人。"不要以为把他人的是非告诉你的人便是你的朋友。道人是非者,既然在你面前说他人的坏处,自然也会在他人面

前,说你的坏处。他们乐于道人是非,是妒心过盛的原因,他们心里往往巴不得他人越来越倒霉,越来越困窘。

"探人隐私"者——任何人都有隐私。在每个人的内心深处,都有着一块不希望被人侵犯的领地。可是有些人出于无知,或者出于猎奇,或者出于其他目的……每次和你见面,都要问你"年龄几何""收入多少""夫妻感情如何"等让人厌恶回答的话题。

这种人虽然伶牙利齿,巧舌如簧,但却不知谈话的要领忌讳。一般来说,一个尊重他人的人,如果知道某某事情是他人隐私,便不会去问。反过来说,知道是他人隐私,偏偏去询问者,便是不懂得尊重他人的人。

遇到探人隐私者,不能有一说一,有二说二。对待探人隐私者,最好的法子是答非所问。如果他问你"谁是你晋级的后台",你就说"全托你的福"。如果他问你"奖金多少",你就说"不比别人多"。如果他问你"如何追求女友的",你就说"如果你感兴趣,待我以后详细告诉你"。总之,对于对方的提问,不是不答,但答非所问。这样的话,既不会得罪对方,又不会让对方得逞。

"唉声叹气"者——此类表现:人之不如意事十之八九。有些对前途悲观的人、谈话以我为主的人,往往将他们的不幸、苦恼和忧虑当作谈话的主题。他们不断地大诉苦水,接连地唉声叹气,使交谈的人听也不是,不听也不是。如果仔细分析一下唉声叹气者所说的不如意之事,就会知道,这些事其实非常普通、并不那么凄惨,但唉声叹气者却将自己的境遇说得非常非常地严重。

与这种人进行交流,要给其注入活力。在唉声叹气者的心里,他们并不认为自己的能力差、抱负小,相反,他们强烈地希望他人肯定其有着了不起的天赋、有着不寻常的水平。与他们进行交流,应该恰当地肯定他的特长,赞扬他的功绩,给其注入蓬勃发展的活力。这样的话,他们会对你非常亲近,并且对你感激不尽的。

"喋喋不休"者——此类表现：人与人交谈，人们往往讨厌那种长篇大论跟你说个没完没了的人。有些人说得多，但却说不好。他们会一口气谈论整整一个上午，他们会在一个上午谈遍古今中外。他们不但天文地理能谈，男女情事也能谈。他们眉飞色舞，表情丰富。他们滔滔不绝，从不觉累。

遇到喋喋不休者，既不伤及对方感情，又让对方少说的法子是巧妙提问。一是根据他说的话题提问一些难题，比如"导弹的燃料分子式是什么""《水浒》这本书里一共提到多少男的，多少女的"等，让他不知怎么回答。这样一来，他就可以少说几句，你也可以多说几句啦。二是提问一些与当前话题无关的问题，如"打扰一下，现在几点了""你的眼镜好看，请问你戴得舒服吗"等，这样一来，对方会感到有点惊愕，从而停顿下来，使你腾出时间来干一些有益的事。

"好为人师"者——此类表现：有些人喜欢对他人"谆谆教诲"。他说的十句话中，你可以找出"你应该""你必须""你不能"之类的词语七八处。这种人往往自以为是，居高临下，唯我独能，盛气凌人。在他的眼里，众人都是无知的幼儿，唯他是博学的教授。让人感到其愚腐，认为其卖弄。絮絮叨叨的说教者虽然令人生厌，但对你没有坏处，而且有益。一是你可以吸取其中有益的说教；二是认认真真地倾听，会使他觉得异常高兴，这对增进情谊有好处。

和他们交流，要重于聆听。只要你没有急需办的事项，不妨静下心来，听一听，记一记。适时地重复一两句他说的话语，或者就某个问题询问一两句。相信，这种做法，定会使你得到极大的益处。

"自我炫耀"者——此类表现：有些人见到他人，一张嘴便是我人缘好，一出口便是我能耐大。明明自己是"1"，偏偏说成是"2"。听者为此觉得脸红，他却不知羞。自我炫耀者既是个自卑者，又是个自负者。这种人常常外强中干，其"吹牛"的目的只不过是引起大家对他的关注，以满足自己的虚荣心。这种胡乱吹嘘给人一种巧言令色，华而不实之感。和他们进

行交流,正确的法子是用幽默风趣的话语作答。他嘴上说成"2",内心还是以为是"1"的,对他说的大话,你不能加以肯定,肯定了他会以为你是个不可信之人;对他说的大话,你又不能加以驳斥,驳斥了他,他会以为你是个不可亲之人。

对自我炫耀者要幽默风趣。正确的做法是幽默作答,似是而非,模模糊糊,嘻嘻笑笑,哈哈而过。

"灭人志气"者——此类表现:有些人话语尖锐辛辣。从他嘴里说出的话,好像一盆盆的冷水,不顾你是否接受,硬朝你头上泼去。那个干劲,非要把你心头的自信火种浇灭不可。

合适的法子,不以为意,不往心里去。

"叫嚣好斗"者——此类表现:你和别人谈得兴高采烈时,可能会进来一位"杠子头"或者别有用心者,对你横挑鼻子竖挑眼,立刻使好好的交谈气氛充满火药味。此等人多认为自己高人一等,长你一筹,无所不通、无事不能,他自己以真理的化身自居,无论问题是西瓜之大,还是芝麻之小,他都会以誓死捍卫真理的气概与你针锋相对,气势咄咄逼人。这种人一旦对你怀有成见,就会处处跟你唱对台戏。遇到这种情况,很容易使你陷入顶撞式的辩论旋涡。

要想冲出旋涡,就必须使出强劲。这个强劲就是要做到使自己的每一句话都成为颠扑不破的真理,并且还是简单的真理,这样对方就无法攻击你了。用不了多长时间,"憋得难受"的对方就会主动"告退"。

"满口假话"者——有些人说起谎来好像一名出色的演员在舞台上演戏那样轻松自然,丝毫不会感到内疚。他们撒谎,大多时没有很大、很明确的目的。满口假话者之所以满口假话,可能是为了掩饰自己、标谤自己、美化自己,可能是觉得你的辨别能力很差,从而摇唇鼓舌,胡说乱扯。与这类人交流,对你是有害的。假话说出十遍,可能会使你觉得真的有那么一回事。

与他们交流,应该懂得"攻其一点,崩溃全线"的战略战术,抓住假话中的其中一项,满有把握地提出反对意见。这样一来,他就会觉得羞愧,那种神采飞扬的气焰立刻就落下去。这种攻其一点的做法,既不会伤及其自尊心,又会让其对自己的撒谎毛病有所改正。

"俗不可耐"者——此类表现:有些人为了给他人一个好的印象,便让自己的话语里堆满华丽辞藻,乱用一些专业术语,显得矫揉造作,华而不实;有些人日常说话粗鲁不雅,废话连连,啰里啰唆,一味单调,某句话可以重复十遍,某件事可以问九次;有些人说话无波澜、无起伏,没有摇曳多姿的神态,没有引人入胜的话题,令你厌倦,这些都是俗不可耐的表现。他们多是知识面窄、社交力差者,他们在自己人生经历中,往往因此经常受到他人的讥笑,心中有了一种自卑感。他们热切地希望提高自己的知识水平、社交能力。

与俗不可耐者交流,要进行适当指教。说出一两句正确的做法、注意的事项,满足他们的需求,但又不能过多指教,免得伤了他们的自尊心,触及他们的自卑痛处。

7.不做"夹心人",化解"左右为难"的局面

左右为难是许多人在日常生活常见的问题。

张三和李四平日是颇为要好的同事,最近竟然分别在你跟前数落对方的不是,然而两人表面上依然友好。

"夹心人"并不难做,若发现两人是另有用心旨在试探你对他俩的喜恶程度,你就该步步为营了。既然对方的动机不良,你亦不必过分慈悲,

不妨还以颜色,分别跟他们说:"对不起,我的看法对你们并不重要呀!"这一招,他们必然无功而退。

假设,有人请你做公事上的"和事佬",你其实有不少应留意的要点。做好事之余,请做些保护自己的工作,亦即给自己的行动划定一个界线。

你不妨只做饭局的陪客,或作为某些聚会的发起人,但不宜将责任往头上冠,反客为主。你最好对双方的对与错均不予置评,更不宜为某人去作解释,须告诉他俩"解铃还需系铃人",你的义务到此为止。

对上司不满、对公司不满,永远大有人在,遇上有同事来诉苦,大指某人有意刁难他,或公司某方面对他不公平,你应该做到既关心同事的利益,又置身事外。

再如,同事与某人有隙,指出对方凡事针对他,甚至误导他。你或许会很有耐性地听他吐苦水,听他细说端详,但奉劝你只听,不问。尤其是切莫直问事件的前因后果,因为你一旦成了知情者,就被认定是当然的"判官"了,这就大为不妙。你只需平心静气开导他:"我看某人的心地不差,凡事往好处想,做起事来你会更开心的。"

要是对公司不满,你的立场就比较复杂,站在公司的立场上是你应该的,但站到同事那边虽是有害无益,可是,人家来找你,保持缄默实在不礼貌。不妨这样告诉他:"公司的制度不断改进,这次你觉得不公平,或许是新政策的过渡期,你不妨跟上司开诚布公谈一下,但犯不着坚持己见。"轻轻带过才是上策。

一位向来忠心得很、已服务公司多年的同事,突然告辞,惹得众说纷纭,不少同事还千方百计去细问当事人,誓要找出真相。

其实,知道了真相,对你有好处吗?肯定没有。例如,你或许会无端卷入人事旋涡,知道行政层的秘密对你的工作态度多少有些影响。还有,你更有可能被列为"某类分子"。

所以,过去的即将过去,不必去追究了;除非这同事向来与你颇投契,

自动向你诉衷情,但你亦只宜做个聆听者,万万不要做"播音筒"。

你应该做的是送上诚意的祝福,赠对方一件纪念品,当作纪念你俩的情谊吧!又或者,请对方吃一顿饭,当作钱别。

至于其他同事的行动,大可不必理会,也不必加以批评,这叫作独善其事。

你本来就非好管闲事之辈,却偏偏遇上一个爱诉苦的同事,叫你感到烦不胜烦。

老实说,你一万个不想过问,连听也不愿意,就怕产生不必要的误会,或者有后遗症,所以常常有进退两难之感,却苦于无法摆脱对方。

遇上这种"烦事",既妨碍工作,又没有好处。所以,你必须想办法杜绝。你可以借口较忙,遇上对方单独邀约午膳、下午茶等,一概以"忙得不能抽身"为理由推却。凡想诉苦之人,情绪冲动,你一拖再拖,他肯定没有耐性再等下去,慢慢他也冷静下来。

一个善解人意的人,永远会是一个好听众。但是如果你凡事听不明白,频频反问对方,又没有好主意,你以为他有什么感受呢?

又或者你显得心不在焉,漠不关心,对方也一定会无趣而退。

在公事繁忙的圈子里,许多不妙情况是无可避免的。

例如在一些商务午餐或晚宴上,许多时候就有以下情况发生:甲与乙之间有矛盾,见了面互不理睬,但两人与你皆有一定的交情,必然会上前跟你交谈、互道近况的。如果在同一时间,两人分别朝你走过来,怎样好呢?

比较理想的做法是,看谁先走到面前,就跟谁说"你好"。既然两人不和,乙若见到甲正跟你招呼,自然会却步不前,那就能够避免二人与你一起的情形出现了。

还有,当与这个人寒暄完毕,说过"拜拜"之后,请尽速主动找乙,忘记刚才跟甲有关的一切,只与乙尽情闲聊。

更糟的情况是,你发现给你安排的座位,刚好是夹在甲与乙中间。遇到这种情形,最好去找主办者,随便说一个理由,请他替你调一个座位。总之,置身事外较好。

总之,谁都摆脱不了"夹心人",但是要记住五戒:

第一戒,要避开介入任何冲突的可能性;第二戒,要避免明确立场;第三戒,切忌选择可能陷入冲突的斗争地位;第四戒,切忌做任何事的公证人;第五戒,即使已陷入左右做人之局,也要想办法使出"缓兵之计",以图脱身。

8."忍"可以促使一个人的身心成熟

世界是多彩多姿的,每个人的人生道路也是不同的。人生道路既有顺境,也有逆境,而且逆境往往多于顺境。俗话说:"人生不如意事十之八九。" 因此要想生存在这个变化无常的世界里, 必须学会而且要善于"忍"。

忍可以促使一个人的身心成熟,以便大展宏图。许真君曾说:"忍难忍事,顺自强。"昔日韩信受"胯下之辱"的时候显示了巨大的忍耐力,尔后才官拜淮阴侯。司马迁受宫刑后,以超乎常人的忍耐力压制住不幸的苦痛,终于完成了旷世之作《史记》。

老子曰:"大直若屈,大智若拙,大辩若讷。"因此,身处逆境之时,应通晓时事,沉着待机,这才是智者的做法。"伏久者飞必高,开先者谢独早。"只有长久潜伏下来,才能成就大事,才能不鸣则已、一鸣惊人。如果迫不

及待地感情用事，只能坠入万劫不复的深渊之中。懂得了这个道理，也就通晓了忍的功效。杜牧的《题乌江庙诗》对此可说很有见解，"胜负兵家不所期，包羞忍辱是男儿。江东子弟多豪俊，卷土重来未可知。"因此，大智者应知为何而忍，只要抱定这种信念，"忍"而后发，卷土重来未尝不可。

西汉时的韩信，是淮阴人，家里贫穷，没有事干。曾有一个人欺侮韩信说："你虽然又高又大，喜欢佩带剑，其实内心怯懦。"并且当众辱骂韩信说："你若不怕死，就刺我一剑；如果怕死，就从我裤裆下钻出去。"韩信想了一下，俯身从那人裤裆里爬了出去，全街的人都嘲笑韩信怯懦。

后来，滕公向汉高祖刘邦说起韩信，开始时刘邦不知道他，之后韩信就逃走了，萧何亲自追他，并对高祖说："韩信是无双的国士，你要争得天下，非要韩信不可。要拜请他，选一个日子，要斋戒、设立坛位、完备礼教才行。"刘邦答应了他，拜韩信为大将军。

中国有句俗话"大丈夫能屈能伸"讲的便是大将韩信胯下受辱的故事。小不忍则乱大谋，为人切忌心高气傲。正是韩信的巨大忍耐力，使其功成名就。《朝天忏》称："人之所以富贵为世所尊重，都是从忍辱中得到的。"

这些故事告诉我们，人必须具有博大的胸襟，不要因小而失大。谚语说："得忍且忍，得诫且诫，不忍不诫，小事成大。"唯有这样才能成就大事；否则你趾高气扬，伸长脖子走路，必然让众人所伤。

"忍"作为一种处世的学问，特别是对于许多普通人来说，是绝对不可缺少的。

对自己的朋友、上司，你不可能事事据理力争。对于自己的长辈、老板的某些指示、某些命令，由于主观理解上的偏差而得不到很好地实施，而你却已经尽了最大努力。在这样情况下，上司、长辈、老板、领导对你批评

和指责是很正常的,不要急于辩解,认为自己无比委屈,要学会反省其实错误就在你的身上。中国人自古以来就有尊老、尊上服从的习惯,许多人是在忍让和服从了多少年以后,由小媳妇熬成公婆的。在这之前,他们不知道忍了多少回,从这方面一想,你就容易忍耐了。

当然,对于许多下属职员来说,遇事不加辨明,便着手去实施是下属的一大工作弊病,这是因为下属和领导之间缺乏必要的默契。下属对于领导,首先是服从,然后才能有改变。不是让领导去适应你,而是你去适应领导。上司给予的指示和命令,必须清清楚楚地理解,然后才有可能有效地执行。对于上司,他们发发脾气也是很正常的,不要希望每个领导都慈祥无比。你需要忍受这种压力,同时要以积极的行动去尽量避免这种压力。

9.避其短处,用他长处

唐人刘晏,唐代宗时任转运租庸盐铁使,曾经督工造船,拨款一千缗。有人说实际花费还不会到一半,请求减少。刘晏说:"不行。要办大事,就不应吝惜小的费用。如果一点点地计较,怎么可能长久地进行生产呢?"后来果然像其所说的那样。

事实证明,瑕不应掩玉,司马光曾说:"当官的人,应该多从大处着眼,放弃琐小的事情。"

子思住在卫国时,向卫君推荐苟奕说:"他的才能可以带五百辆战车

打仗,可任为军队的统帅,如果您得到这个人,就会无敌于天下。"

卫君说:"我知道他的才干可以胜任大将,但他在当小官的时候,去老百姓家收租,吃过人家两个鸡蛋,所以不能用他。"

子思说:"英明的人选用人才,就好比高明的木匠用木材,用它可用的部分,抛开它不可用的部分,所以杞树、樟树有一围之大,但有几尺腐烂了。好的木工不放弃它,为什么呢?知道没有用的部分是非常微小的,最后用来做成了非常珍贵的器具。现在您处在列国纷争的时代,需要选择可用的人才,而因为两个鸡蛋就不用栋梁之材,这种事千万不要让邻国知道了。"卫君听后,反复地向子思道谢。

能够容忍别人的小过,避其短处,用他长处,唯此才能干大事。如果一个人做事斤斤计较,抓住别人的缺点不放手,那他就犯了与卫君同样的错误。

俗话说得好,三人行,必有我师。每个人都有自己的优点,能善用其所长以处事,必会收到事半而功倍的效果。成功的企业家用人的重要原则之一就是适才适所。换句话说,就是把恰当的人放在最恰当的岗位上。

10.装作糊涂,巧妙脱困

在交际活动中,单凭言语难以说服对方,就采用交际情境表义,有时给对方多一些思考、体验,常可产生言语不能达到的效应。

宋高宗时,有一次宫廷厨师煮的馄饨没有熟,皇帝发怒了,把那个厨

师下了大狱。没过多久,在一次演员演节目时,两个演员扮作读书人的模样,互相询问对方的生日时辰。一个说"甲子生",另一个说"丙子生"。这时又有一个演员马上来到皇帝面前控告说:"这两个人都应该下大狱。"皇帝觉得蹊跷,问是什么原因。这个演员说:"甲子、饼子都是生的,不是与那个馄饨没煮熟的人同罪吗?"皇帝一听大笑起来,知道了他的用意,就赦免了那个"馄饨生"的厨师。演员借皇帝"馄饨生就下大狱"这个前提,演绎出一个错误的结论:是"生"就该下大狱,甲子生。丙子生也该下大狱。这显然是荒诞不经的,引人发笑。演员的推理语言婉转,表达含蓄,蕴含了丰富的机趣。这种幽默语言的产生,不能不归功于巧夺天工般的荒诞推理。

"事实胜于雄辩",掌握充分的事实依据是战胜对手的有力法宝。但是令人遗憾的是,在许多情况下,面对巧舌如簧的人,总是让人难堪至极——明知对方是谬论,却又无法还击。

两位青年农民有一次去给玉米施肥时,因猪粪离庄稼远近而争执起来。甲说:"猪粪离庄稼近,便于庄稼吸收,庄稼肯定爱长。"

乙说:"让你这么一说,应该把庄稼种到猪圈里,一定更爱长。"

甲说:"你这是不讲理。"

乙说:"怎么不讲理?你不是说离猪粪近,庄稼爱长吗?"

这时,一位中年农民凑过来说:"我看你们俩谁说得也不对。猪尾巴离粪最近,没见过猪尾巴长得有多长……"

一句话,使在场的人哈哈大笑。

中年农民似乎连常识也不懂了,可一语中的地点破了甲、乙两人的诡辩,更兼具强烈的幽默感。

答非所问是指答话者故意偏离逻辑规则，不直接回答对方提问，而是在形式上响应对方问话，通过有意的错位造就幽默。答非所问并不是思维混乱，而是用假错的形式，幽默地表达。

"马有失蹄，人有失言"，偶尔失语在语言交际中难免发生，但失语往往是许多矛盾发生和激化的根源。因此，换回失语，在语言交际中是很有必要的。

实习期间，一位实习生在黑板上刚写了几个字，学生中突然有人叫起来："老师的字比我们李老师的字好看！"

真是语惊四座，稚嫩的学生哪能想到：此时后座的班主任李老师是怎样地尴尬！对这位实习生来说，初上岗位，就碰到这般让人难堪的场面，的确使人头疼，以后怎样同这位班主任共度实习关呢？转过身来谦虚几句，行吗？不行！这位实习生灵机一动，装作没有听到，继续写了几个字，头也不回地说："不安安静静地看课文，是谁在下边大声喧哗！"

此语一出，使后座的李老师紧张、尴尬的神情，顿时轻松多了，尴尬局面也随之消除。

这里就是巧妙的运用装作不知道，避实就虚，即避开"称赞"这一实体，装作没有听清楚，而攻击"喧闹"这一虚像。既巧妙地告诉那位班主任"我"根本没有听到；又打击了那学生的称赞兴致，避免了他误认为老师没有听见的可能，再称赞几句从而再次造成尴尬局面。

在一次联合国会议休息时，一位发达国家外交官问一位非洲国家大使："贵国的死亡率一定不低吧？"非洲大使答道："跟贵国一样，每人死一次。"

外交官问话是对整个国家而言，对非洲的落后存在挑衅，大使并不理

133

会其问话的要害点,故意将死亡率针对每个人,颇具匠心地回答,营造着别样的幽默效果。幽默有效地回敬着外交官的傲慢,维护了本国尊严。

答非所问讲究机巧,抓住表面上某种形式上的关联,不留痕迹地闪避实质层面,有意识地中断对话逻辑的连续性,寻求异军突起的表达,幽默旨在另起新灶,跳出被动局面的困扰。

有个爱缠人的先生盯着小仲马,问:"您最近在做些什么?"

小仲马平静地答道:"难道您没看见?我正在蓄络腮胡子。"

胡子是自然而然长的,小仲马故意把它当作极重要的事情,显然与问话目的不相符合。小仲马表面上好像是在回答那位先生,其实并没给他什么有用信息。小仲马自然是懂得对方问话意思的,但他偏要答非所问,用幽默暗示那人:不要再继续纠缠。

当你面对一个错误的推理或结论,从正面反驳可能无济于事,这时不妨用另外一个类似的,并且明显错误的推理,来达到批驳的目的,效果反倒更好。这种错误的推理具有很强的荒诞性,含不尽之急于言外,会使人在笑谈中明确是非,从而达到幽默的真正目的。

第七课

存异

——放宽心胸，学会圆通

1.没有百分之百适合你的工作

现在有些白领觉得工作不幸福，就是因为他们认为目前的工作不适合自己的个性，所以，他们总想找一份更适合自己的工作。

从心理学角度来看，他们的这种想法并不是没有道理的，因为人们不同的个性对他们所从事的工作确实有一定的影响。

1989年，美国心理学家麦克雷可斯塔等人提出了"五大个性模型"，即外向型、宜人型、责任感型、情绪稳定型和开放型。

外向型和宜人型表示有关人际方面的特质；

责任感型主要是指工作行为、事业态度与追求；

情绪稳定型说明人的情绪稳定性、平衡性、强弱程度；

开放型是指个体深层心理的文化特性、聪颖性等。

这五大因素都和人的习惯有关，它们与工作效率之间的关系也十分密切。比如，有的人擅长思维，动手能力差，让他去做市场策划可能是个高手，但让他去做外科医生，则有可能一塌糊涂。

那么，这种个性就是绝对的吗？

有两个编辑在同一家出版社工作。A编辑看上去非常喜欢自己的工作，她每收到一部好书稿，就会感到很幸福，因为不仅能产生阅读的愉悦，而且是一个自我学习和提高的过程；而B编辑则完全相反，她很不喜欢做编辑工作，只是因为找不着其他让自己满意的工作，才勉强做这份工作的。她之所以不喜欢做编辑，除劳动强度之外，还感觉自己总在为他

人做嫁衣裳。

在同一个出版社，同样是做编辑工作，这至少说明她俩的工作本身没有"幸福"与"乏味"之分，且她俩的个性差别并不大，那是什么原因让她俩对同样的工作产生迥然不同的感受呢？她俩的价值观不同。即工作幸福与否不取决于工作本身，而取决于你本人的"个性"特点和价值观。

所以，职场上没有百分之百适合你个性的工作，你也不可能找到完全适合自己的工作。个性并不等于天性，它不是绝对不能改变的。所以，自我调整非常必要。你调整了自己的心态，就能适应工作的要求。只有这样，你才有可能在工作中找到幸福。

比如，按个性分类，从事推销工作的人最好具备"宜人型"，即性格外向，而且表达能力强。但事实上，销售业绩最好的人往往并不是那些伶牙俐齿的人，而是那些看上去性格比较内向的人。他们性格内向，拙于言辞，但他们能根据客户的需求调整自己，尽量与客户沟通。他们虽然话不多，很多时候更像个咨询师，但一说就能说到实处，能让客户感到放心。因此，很难说是工作适应了他们的个性，还是他们的个性适应了工作。

现在，很多白领在寻找适合自己个性的工作，并以此来判断工作是否幸福。但是，他们往往只注重眼前的是否适合，而没有想过要去调整自己。所以，不到一两年，甚至不到一年，就觉得现在的工作不适合自己，找不着幸福，于是，挥挥手，不带走一片云彩，就跳槽了。这样既不利于职业的长远发展，也很难找到真正的幸福。

凡事都具有两面性，工作也一样。如同玫瑰，虽然有美丽的芬芳，但也有扎人的刺。我们在收获工作的回报与成就感时，也应该理性地接受其中的不完美。

对于每一个人来说，既然已从事了一种职业，选择了一个岗位，就应该去接受它的全部。工作中会有我们喜欢的部分，比如工资与成长，也会

137

有我们不是很喜欢的部分,比如困难与挫折。但这些都是我们的工作,是一个整体,任何人都不能将其分开。如果你想享受工作带给你完整的幸福,那就一定要接受工作这个整体。只有体会了其完整的过程,才会让幸福的笑容更美。

"你需要一个不会渗漏的阀门,并且竭尽所能开发这样的阀门。但是现实世界给你提供的是渗漏的阀门,因而你必须做个决断,你到底能忍受多大程度的渗漏。"这是研发土星五号、实施第一次阿波罗登月计划的科学家阿瑟·鲁道夫对"风险"概念的表述,但反过来,也可以认为是对工作并不完美的最佳注解。

卡耐基说:"事情的本身不能使我们幸福或不幸福,决定我们感觉的是我们对事情的反应方式。"工作是否会有成果,往往取决于对待工作的态度。以包容的心态去面对工作,会激发我们在工作中的热忱;以抱怨的心态去面对工作,则会消磨我们在工作中的激情。

工作是一个人的使命,坦然地接受工作的一切,除了益处和幸福,还有艰辛和忍耐。只想享受工作的益处和幸福的人,是一种不负责任的人。他们在喋喋不休的抱怨中、在不情愿的应付中完成工作,必然享受不到工作的幸福。

那些在求职时念念不忘高位、高薪,工作时却不能接受工作所带来的辛劳、枯燥的人;那些在工作中推三阻四,寻找借口为自己开脱的人;那些不能任劳任怨满足客户要求,不想尽力超出客户期望提供服务的人;那些失去激情,任务完成得十分糟糕,总有一堆理由抛给上司的人;那些总是挑三拣四,对自己的工作环境、工作任务这不满意那不满意的人,都需要反思一下自己的工作态度是不是出了问题。

每一份工作都蕴含着无数个成长的机遇。任何一份工作都值得你认真对待,值得你去做好。

2.别用你的优势去对比别人的劣势

做人自信和要强是应该的，但一旦过了头，就会变成自负和自傲。

所以，如果你有自己的想法，请不要用自负的方式来阐述；如果你有过人的能力，也不要用"门缝里看人"的态度来看待别人。总而言之，就是不要用你的优势去对比别人的劣势。

李泉是某公司的新进员工，高大英俊，口才不凡，在应聘的时候得到了主考官们的一致好评。李泉刚进公司，就成了办公室的红人，原本看好他的上司也对他寄予了很大的期望。但是没过多久，问题就来了。李泉所在的部门每个星期都会进行一次例行会议，向来是由上司来主持同事们的工作部署安排，相互交流各自的工作心得和工作进度。初来乍到的李泉，在第一次参加会议的时候就表现出了他的"好口才"，在业务会上跟同事和上司展开了激烈的辩论。

在讨论工作计划安排的时候，他总是认为自己的方案无可挑剔，将其他人的方案批驳得一无是处。在讲到某个具体观点的时候，还会揪住对方的小细节，滔滔不绝地要跟对方辩论到底。不但在会议上是这样，在日常工作中，李泉对他人的行事模式也总是看不惯，总认为自己的就是最好的，习惯性地发挥他的"三寸不烂之舌"，强势地要求对方按照自己的思路走，肆意贬低同事的能力，直到对方甘拜下风、哑口无言方才罢休。如果谁认为跟他纠缠没有意义，不愿意跟他说话，他就越发认定对方不如自己。

　　李泉的这种"自我感觉良好"的习惯,要从他的第一份工作开始说起。李泉的第一份工作是在机关,因为办公室里的领导在他眼里"水平都很低",因此李泉总是看不起他们,对他们的态度也很冷淡。将手头的工作做好之后,李泉对领导的意见就爱听不听了,领导自然不会喜欢这样老是给自己脸色看的下属。因此,一段时间之后,李泉就发现机关里的一切福利待遇他都没有享受到,而麻烦的事情却一件接着一件。

　　就这样,一年多以后,被孤立的李泉实在呆不下去了,选择了离开。但直到离开,李泉仍然认为自己身上不存在任何问题,是机关的人眼界太低,嫉贤妒能,无法容忍他这种高能力的人才。

　　岂料,在现在的公司,李泉又遇到了同样的问题。骄傲的本性使得李泉在工作中急于摆出与众不同的姿态,看不惯别人的生活和工作方式,认为他们是在浪费时间。他想要帮助别人,但是说出口的话却成了自以为是的教训。日子久了,同事们跟之前的机关领导一样,开始疏远他,不少客户也跟李泉的上司反映:"你们单位的那个李泉口才倒是挺好的,可是跟他打交道怎么就那么不舒服呢? 怎么老觉得自己低他一等呢? "

　　冷眼和流言越来越多,最后连上司也对李泉不耐烦起来。不到3个月,李泉就被请出了公司。

　　在生活中,跟李泉一样总觉得谁都不如自己的人不在少数。他们往往会表现出超强的自信,而这种自信在别人的眼里就会被解读成"自负""自以为是"。

　　每个人都有自己独特的个性,但在进入社会之后,为了安身立命的需要,应该及时为自己补课,认识理想与现实之间的差异,学会包容与自己不同的生活和工作方式,用理智看待工作和人际关系,用感性来经营人与人之间的关系。

　　人心是最难捉摸的, 人际交往中最忌讳的就是用个人标准去评判

别人,给别人打上"无能"的标签。作为社会群体中的一员,既然已经跟周围的人身处同一个组织、同一个环境,就说明你仍然是一个普通人。不要总是认为自己有足够的优势来证明别人的劣势,也不要认为自己的见解永远都是正确的。如果你总在嘴皮子上寻求一时之快,等待你的只能是如李泉一般的结果。

3.先考虑自己是否让人喜欢

社会是很复杂的大环境,人的类型很多,一个人应该怎么去面对社会、结交朋友,实在是一件相当重要的事,也不是一件容易的事。

一般说来,朋友可分为两种:一般朋友和真心朋友。进一步说则有:点头之交、玩乐之交、默契之交、道义之交、生死之交……不管是哪种程度、哪种境界的朋友,都会对你有某种程度、某种境界的提高和帮助。

我们固然要选择益友加强联系,但也要学会避开"损友",懂得如何与三教九流、形形色色的各种人打交道。不过,一定不要在需要别人时,才去交朋友。

的确,利益一般会偕朋友同来,但交朋友的目的,绝不是单纯地为了赢取个人的利益。要知道,我们选择别人,别人也同样可以选择我们。

所以,广结友情的首要条件,并不是"我"喜欢什么样的朋友,而要先考虑自己是否让人喜欢、受人欢迎。"获友不易,反目一朝。"意即好朋友得之不易,有时却会因一句失言、一时失态而形同陌路,甚至反目成仇。

人生之路不能无友,有了朋友,更要加倍珍惜,因此,我们要时刻提醒自己:改善自我,广结良友。

　　中国古代,有一位很有名的矮丞相晏子,当他代表齐国出使楚国时,就因相貌上的缺点而遭受嘲笑。但后来他却以机智和口才,使得楚国君臣上下不得不对他"刮目相看"。

　　汉朝的陈平则与晏子相反,是有名的"美貌丞相",其才能同样相当杰出,但是当时的人却批评他"光漂亮又有什么用?"

　　历史证明,陈平并不只是一个"光漂亮"的人,但是我们却可以在这个例子里发现:视觉上的美感,对人际关系并没有绝对的影响。同时,这个例子也显示出:外表好看,内在"可能"也不错,但二者的关系并不是绝对的。

　　所以,一个人是否受人欢迎,不仅是靠外表的印象来决定,还有其他妙方可使这个印象持之久远,例如:平易近人、关心与体贴、彬彬有礼、幽默感等,都是其中荦荦大者。大抵说来,受欢迎的人,一定肯为别人设身处地地着想。比方说:每一个人在有事求人时,总希望别人即使拒绝,也不要使自己太难堪;因此,当我们不得已拒绝别人的请求时,也应该诚恳地表示歉意。

　　虽然说:"友直、友谅、友多闻。"但是,当我们劝谏朋友时,态度应和缓,点到为止,留一点余地给对方,不要使建设性的建议反而变成了伤人的批评。

　　总之,能够将心比心,时时检讨自己的得失,才可能得到别人的真心对待。所以,我们若是希望自己受人欢迎、得人缘,不可不先"照照镜子",分析一下自己在别人心目中的分量。

　　我们常说:"成功不是偶然的。"意思是说,这其中包括有志气、有决心、有毅力、有方法。想做一个受人欢迎的人,也不例外,从内在到外在,从开口说话到不开口的衣着语言,都必须散发出一种吸引人的魅力,才

能够把自己推销出去。现代社会的最大特点是"忙碌"，自己分内的工作尚且照顾不周全，哪里有时间、兴趣去深入了解别人？所以，大部分人留在你印象中的，只是一个粗略的轮廓，如果你不具备"特殊条件"，在别人心目中，也只是一个模糊的影子而已。

就此而言，任何人要想在人际之中卓然出众，就得表现自己，把自己个性中最美好的一面拿出来——汽车大王福特曾为"最受欢迎的人"下过一个定义，他说："这种人，是能将内心中最美的东西引发出来的人。"的确，生命中有些东西是不依赖外力的，要想受欢迎，全靠你自己。肚子里有货，不怕没有伯乐识千里马；风度翩翩，不怕身边不环绕仰慕者。

赢得好人缘的法宝是：要能够明确地把握重点，尽量表现"原有"的美质，即使天生的资质不够，也可以靠后天的培养或努力去尽力求取个人条件的完美。外在美如仪容整洁、彬彬有礼、态度亲切等，内在美如体贴关心，富于幽默感……这些都可以塑造你的特殊风格，甚至进一步把你推上成功的宝座。

4.交浅言深是不成熟的典型表现形式

俗话说，"逢人只说三分话"，还有七分话不必对人说。你也许以为大丈夫光明磊落，事无不可对人言，何必只说三分话呢？老于世故的人的确只说三分话，你一定认为他们是狡猾，是不诚实，其实说话须看对方是什么人，对方不是可以尽言的人，你说三分真话，已不为少。所以逢人只说三分话，不是不可说，而是不必说，不该说，与事无不可对人言并没有冲突。

事无不可对人言,是指你所做的事的性质,并不是必须尽情向别人宣布。老于世故的人,是否事事可以对人言,是另一问题,他的只说三分话,是不必说、不该说的关系,绝不是不诚实,绝不是狡猾。说话有三种限制,一是人,二是时,三是地。非其人不必说;非其时,虽得其人,也不必说;得其人,得其时,而非其地,仍是不必说。非其人,你说三分真话,已是太多;得其人,而非其时,你说三分话,正给他一个暗示,看看他的反应;得其人,得其时,而非其地,你说三分话,正可以引起他的注意,如有必要,不妨择地长谈,这叫作通达世故的人。

在同事中发展友情宜慎重,因为大家长期相处,交友不慎将影响你以后的处境。

起初,同事之间大多不会显露出对公司的意见,但是俗话说得好,"路遥知马力,日久见人心",只要一起吃过几次饭,一些见识浅薄的人就很容易把自己的不满情绪倾诉给你听。对于这种人,你不应和他有更深的交往,只需做普通同事就可以了。

假如和对方相识不久,交往一般,而对方就忙不迭地把心事一股脑地倾诉给你听,并且完全是一副苦口婆心的模样,这在表面上看来是很容易令人感动的。然而,转过头来他又向其他的人做出了同样的表现,说出了同样的话,这表示他完全没有诚意,绝不是一个可以进行深交的人。

"交浅言深,君子所戒",千万不要附和这种人所说的话,最好是不表示任何意见。

有些人唯恐天下不乱,经常喜欢散布和传播一些所谓的内幕消息,让别人听了以后感到忐忑不安。例如"公司将会裁员""公司将会改组""上司对某某人不满"等话语,都是这种人的"口头禅",与这种人要保持距离,以免被其扰乱视听,或者让他卷入某些是是非非。

有的人喜欢盗用公司资源。所谓盗用公司的资源,不一定是指私用公司的文具或其他物质,也包括在工作时间做私人事务这样的事。

许多人以为在公司里工资太低,因而总是想方设法抽出部分工作时间去办理私人的事情,作为自己在心理上的补偿。不要与这种人成为好朋友,否则一旦被上司发现,对你的印象就会大打折扣,认为你们是同流合污,非常不值。

在公司中,许多人为了保持现状,对一切事情都抱着"事不关己,高高挂起"的态度。他们凡事低调处理,不参与任何是非争执。这种人不容易相信别人,但还可以做朋友。假如你能够打开他的心扉,进入他的心灵的话,也可能会成为知己。

和上面所说的那种人相反,还有一些人对公司很有感情,他从来不分上下班时间,都愿意待在公司里工作,甚至会在公司里做一些私人的事情,好像把公司当成了家。

这种人的最大特点就是把私人时间和工作时间完全混淆了,他们对此没有概念上的划分,工作起来非常刻苦。因此一旦遇到加薪幅度不够理想或遭受老板批评这样的事情,他们就会感到委屈,并很激动地认为公司欠他太多。与这种人多接触的话,肯定会有助于你对公司有更多、更深的了解。但是,有一点必须记住——绝不效仿!

5.能适应会变通,"左右逢源"善做人

苏丹梦到自己所有的牙齿都掉光了。于是,一觉醒来,他召来一位智者为他解梦。智者说:"陛下,您很不幸,只要掉一颗牙,就预示着您会失去一个亲人。"

苏丹非常生气:"你这个大胆的狂徒,竟然敢在这里胡说八道,重打一

百大板！"

　　然后，苏丹又下令找来另一位智者，智者听完苏丹的诉说后说："高贵的陛下，您真幸福啊！您做的梦非常吉利，意味着您的寿命比您亲人的寿命还要长。"

　　苏丹非常高兴，令人奖赏这位智者一百个金币。

　　这位智者走出宫殿的时候，一位礼宾官很不解，问他说："真没想到，同样是对一个梦的解说，为什么他受到惩罚，而你却得到奖赏呢。"

　　第二位智者语重心长地说："道理非常简单，所有的事物都是由其表达方式决定的。"

　　很多时候，幸福和不幸，做人和处世可以说都是在一句话之间。不管是在什么时候都要说出实话，但为人处世说出真相也要圆滑。在有些时候，做人太真诚会引起严重的问题。

　　比如你对邻居说："我家有一盆花，你帮我修剪一下吧。"对方一定会想："哼，你可真会指派人，要我给你卖体力。"但如果你换一种说法："我发现你家的花修剪得特别漂亮，你在这方面造诣很高。哎，我家有一盆花，你能不能教教我，看怎么剪才漂亮？"对方一定会高高兴兴地帮你剪花，并把它当作一件很有面子的事。

　　同样一件事情，说话的方法不同，导致的结果就截然不同，这就是技巧的作用。

　　做人处世就像是一块宝石，如果拿起来扔到别人的脸上，就会造成伤害；但是，如果诚心诚意地奉上，对方肯定会很高兴地接受。

　　我们不妨观察一下周围的人。那些成功的企业家，甚至专业性很强的工程师、律师、医生，他们成功是否因为他们的专业技术都是最好的呢？

其实未必，他们的成功往往在很大程度上是因为他们善于为人处世，会有效说话，推销自己。也就是说，他们熟练地掌握了"圆"的艺术。正如幸福的家庭并不一定是妻子貌美如花、丈夫英俊潇洒，幸福的家庭正在于双方彼此尊重体谅、关系融洽和谐。

古语说："世事洞明皆学问，人情练达即文章。"一个人，如果对社会上的事都明白了，那就是学问；处理人情世故干练而通达，那就是文章。人的一生无非是做人与处世。做事要方，做人要圆，是它的准则。

人生要面临众多的选择，当我们在抉择时就应当像波涛中的巨石，用内心的坚韧以及顽强抵挡强烈的冲击，坚守着一份执着。当然圆滑的处世是一种变通，而快乐幸福的人生掌握在我们自己手中。

6.对冷落你的人也要报之以笑脸

相信每个人都尝到过被人冷落的滋味，但人们面对"冷落"所采取的态度却不尽相同。有的人遇"冷"不冷，逢"落"不落，仍然表现出一种泰然处之、豁达坦荡的超然境界，其结果不仅使自己渡过难关，走向"热烈"，而且逆境成才，留下了更加辉煌的人生篇章。有的人却不尽然，面对"冷落"，便变得消沉起来、一蹶不振，最终使自己陷入自我封闭、孤独寂寞的困境而难以自拔。要走出被人冷落的误区，首先你要接受冷落。

面对被人冷落的现象，可以先承认它的存在，允许它的发生。人生本来就是一个万花筒，赤橙黄绿青蓝紫、喜怒哀乐、酸甜苦辣、温凉冷热，可谓应有尽有、五彩缤纷，因此，被人冷落也就不足为怪。

每一个生活在社会中的人，或多或少，或轻或重，都会遇到过"冷落"，

不管你是自觉的还是不自觉的,情愿的还是不情愿的,谁也休想与它绝缘。"冷落"作为一种客观存在的社会现象,你无论如何也不应当采取回避的态度。

因此,一具人面对冷落,采取承认的态度,有接受的心理准备。当然,承认冷落的存在,并非是承认它存在的合理性,而是承认它的客观性。从而去接受解决此种矛盾方法的必然性。唯有如此,才会直面冷落,既不回避,也不惧怕。不但如此,面对冷落时,还要做到不委屈,不抱怨,并敢于坦然地表现自我。

遭受冷落,心情低落在所难免,在此时就要会自我调节,平息抱怨。

大凡经历过冷落的人,大都有这样的感觉,抱怨冷落的结果只会在客观上助长受冷落压力的程度。与其过多地自我抱怨,倒不如从主观认识上找原因,以新的姿态重新扬起生活风帆,战胜冷落。

面对冷落,我们不妨扪心自问:为什么他人没有受冷落,却偏偏冷落了自己?为什么此时无冷落,彼处遇冷落?想来想去,你便会觉得,原来别人对自己的冷落也事出有因。

假如受到来自顶头上司的冷落,你可能想到了他的偏见、不公正,但是否还应想到,你的工作态度差、表现得不好,才是上司冷落你的真正原因。

假如受到同事的冷落,你可能会想到他孤芳自赏、为人傲慢、心胸狭窄、无端嫉妒等,但是否还应想一想,是你的傲慢、无礼、清高,才使他人对你产生了冷落?

假如受到妻子的冷落,你可能会想,妻子不温顺、不贤惠、不会料理家务、不会热情待客等,但是否还应想到,你的大丈夫习气,动辄吹胡子瞪眼睛的行为,难道妻子还不该冷你几次?

与其抱怨别人,倒不如利用这个间隙来反省一下自己,失去的再难挽回,与其苦恼自己,不如洒脱一回。

冷落,会使你隐隐感到自己心灵上的某种丧失。这并非可怕,问题的关键在于你能否正确对待丧失,能否科学地把握丧失,能否学会从丧失中奋起。

朱迪丝·维尔斯特在力作《必要的丧失》中指出:丧失是不可避免的。我们从脱离母体直到死亡,在整个成长的过程中,丧失始终伴随着我们。它是"一种终生的人类状况"。理解人生的核心就是理解我们该如何面对待丧失。"丧失是我们为生活付出的代价",但假如我们学会了放弃完美的友谊、婚姻、孩子和家庭生活的理想幻想,放弃对绝对庇护和绝对安全的幻想,那么我们将在这种放弃中重生。丧失是成长的开始,追求完美与恐惧丧失则是幼稚的,我们人生的路途由丧失铺筑而成。

现实生活中,我们常常习惯于把复杂的社会、复杂的人生理想化,人们接受收获往往比接受丧失更容易做到。其实,只要稍加留心,便会从生活中经常发现这样的画面:他是我的好朋友,同时又是别人的好朋友;上司对我特别器重,同时对另一个人也特别器重。想到此,也许你就会认识到,放弃各种不切实际的期待,对于消除冷落的困惑,是多么重要!

冷落虽然使你暂时少了一些来自外界的热情,少了一些朋友,但往往能进一步激发你对热情的珍视,对朋友的偏爱。此时此刻,你将会用自己的热情去温暖对方那颗冷落的心,你将不会再用消极的眼光去对待朋友一时的偏颇。

生活中常常有这样的现象:有些才能出众的人,正是由于受不了世俗冷落的偏见,从此之后甘愿"随波逐流",也不肯再"出头""冒尖"了;也有一些较为愚钝的朋友,由于受到某些人的鄙视,就产生"破罐子破摔"的念头。一对曾经形影不离的好朋友,突然某一日反目成仇从此形同陌路……

生活是多色彩、多层面的,不必事事都有个所以然,如果你只会发现冷落,而不勇于去追逐热情,那么,在你的眼里就会只有苦涩、忧伤和痛苦。

有的人在处理人与人之间的关系上,总是你对我好,我就对你好;你看不上我,我也不买你的账。这至少是一种不够大度的姿态。人与人之间的交流是双向的。一个成熟的人,他想到的往往不是得到,而更多的是付出,在很多时候做必要的让步和牺牲。

面对冷落你的人,早上初见面时,可以主动上前去问候一声早上好;周末节假日,你可以主动邀请对方去参加一个舞会,或做一次短短的旅行;当对方乔迁新居时,你可以主动去当个帮手;等等。如果你能这样去想、去做,逐渐改变对方的态度,那么精诚所至、金石为开,看上去似乎你显得"矮"了一些,但在他人的心目中,你是高尚的、伟大的,值得信赖的。

人们在受到冷落之后,往往在生活上感到失意,在心理上产生退却。对于一个强者来说,越是受到冷落的重压,越是应当富有自我表现的阳刚之气。此种勇气,不仅可以吹散来自外界对自己冷落的阴云,也最容易拨开自己被人冷落所带来的心头迷雾。

当然,在自我表现的过程中,你还应当注意不要自我标榜,故弄玄虚。这样做,不仅难以排除外界的冷落,还会由此带来更多的冷落。

7.改变看问题的角度

当你遇到问题不能解决时,不妨从另外的一个角度去审视他,也许你会有新的收获和感悟。

一个人在社会中,在事业上要取得成就、有一定的贡献,那你就不能

有"明知不可为而为之"的顽固想法。既然不可为、无法做,或者做不到,那就早点觉悟,立即止步,这样才不致于浪费你的时间、精力、感情,避免出现到了最后两手空空的结局。

不如变换思维的方式,换个角度,也许会受到更好的效果。所以当一个人能灵活地处理问题时,往往视野也会随之开阔,如果你对现在的视线范围不满意,就需要改变你的思维方式。

当你改变了思维方式的时候,会觉得眼前豁然开朗,你又拥有另一片广阔的天空,你的思维就会得到更多的拓展。其实,做到这些并不困难,只要能有意识地培养自己这样的思维方式,你就能做到。

吃葡萄时,悲观者从大粒的开始吃,心里充满了失望,因为他所吃的每一粒都比上一粒小;而乐观者则从小粒的开始吃,心里充满了快乐,因为他所吃的每一粒都比上一粒大。悲观者决定学着乐观者的吃法吃葡萄,但还是快乐不起来,因为在他看来他吃到的都是最小的一粒。乐观者也想换种吃法,他从大粒的开始吃,依旧感觉良好,在他看来他吃到的都是最大的。

悲观者的眼光与乐观者的眼光截然不同,悲观者看到的都令他失望,而乐观者看到的都令他快乐。如果你是那个悲观者的话不妨换种眼光吧。

站得高看得远是个永恒不变的真理,但你要先登上高峰才有这样的机会。

想要站得高,就要超越自己的眼光,超越自己的眼光,必须先得超越自己。不妨想象一下自己还没有达到的目标已经达到,那时你会拥有怎样的眼光。

有这样一个笑话,一位已经年近古稀的农夫说:"我的力气和壮年

151

时一样大!"别人都惊疑地看着他,他进一步解释:"想想那块大石头,我壮年时抬不动,现在还是抬不动。"不要以为你的眼光没有达到某个目标就以为它一直没有改变,其实你的眼光一直在变,只是你没有察觉到而已。

也许是你给自己眼光定下的参照物也在变化,所以你才忽略了变化,不要因此而产生悲观的情绪,这反而会损害"视力"。

一位病人找到眼科大夫:"医生,我不能念报纸。"医生给他检查以后安慰他:"没关系,你的眼睛近视,配一副眼镜就可以解决问题了。"病人惊喜地问:"真的吗?我配眼镜以后就可以看报纸了?"医生笑着肯定。病人戴上配的眼镜拿起一张报纸来。"医生,我还是不能念。"医生奇怪地又仔细检查了病人的眼睛:"不可能呀?你真的只是近视而已。"病人回答:"可是我不识字。"

所以有时是你自己没有区分"看不懂"与"看不见"之间的区别。

你的目光放在那里,你的注意力也会集中在那里,所以慎重选择你注视的方向。

你的时间、精力都是有限的资源,不能够供你任意挥霍,所以你最好只关注那些对你有重大意义的人或事,为一些并不重要的东西分散精力和眼力是一件得不偿失的事。当然在学会关注之前你要先学会如何区分重要与不重要。

命运对每个人来说,都是一个需要用一生时间去解答的问题,眼光决定人生,这一点也不过分。拥有什么样的眼光,你就拥有什么样的人生。

你眼光独创,必然会获得成功;

你眼界狭窄,必然会把一生带进死胡同;

你眼光散漫,人生也充满了散漫与空虚;

反之,你想拥有什么样的人生,也就需要什么样的眼光,幸好,眼光是可以凭自己努力而改变的。

人面对社会,只能去适应。太强的主观能动性经常会使一个人迷失自己,以为凭自己的努力可以改变一切,到头来终会发现自己在整个社会面前是一个微不足道的小角色,微小到如同地上的蚂蚁。用独到的眼光去得到关于自己独到的活法,那才是我们的目的。

8.宽容和分享是最好的福报

乔治·艾略特说:"如果我们想要更多的玫瑰花,就必须种植更多的玫瑰树。"或许生活本来就没有不平凡的含义,而在于你如何看待它,如何对待它。理智而达观的人对别人不会期许太多,因为他明白:你如何对待别人,别人也会如何对待你,要走进别人的心灵,自己就要首先敞开胸怀。

两个钓鱼高手一起到鱼池垂钓。

这二人各凭本事,一展身手,没过多久的工夫,皆大有收获。

忽然间,鱼池附近来了十多名游客。看到这两位高手轻轻松松就把鱼钓上来,十分美慕,于是都到附近去买了一些钓竿来钓鱼。

没想到,这些不擅此道的游客怎么钓也是毫无成果。

话说那两位钓鱼高手的个性相当不同。其中一人孤僻而不爱搭理别人,单享独钓之乐;而另一位高手却是个热心、豪放、爱交朋友的人。

爱交朋友的这位高手看到游客钓不到鱼,就说:"这样吧!我来教你们

钓鱼,如果你们学会了我传授的诀窍,钓到一大堆鱼时,每十尾就分给我一尾。不满十尾就不必给我。"

双方一拍即合,皆大欢喜。

教完这一群人,他又到另一群人中,同样也传授钓鱼技术,依然要求每钓十尾回馈给他一尾。

一天下来,这位热心助人的钓鱼高手把所有时间都用于指导垂钓者身上,获得的竟是满满一大篓鱼,还认识了一大群新朋友,同时,大家左一声"老师",右一声"老师",让其备受尊崇。

而同来的另一位钓鱼高手却没有享受到这种服务人们的乐趣。当大家围绕着他的同伴学钓鱼时,他就更显得孤单落寞。闷钓一整天,检视竹篓里的鱼,收获也远没有同伴的多。

在生活中,我们都希望得到别人的支持和理解,更希望得到别人的关心。我们帮助别人也等于帮助自己,古语有云:"己欲利,先利人;己欲达,先达人。"我们都处于一个大集体中,每个人都不可能孤立地存在着,有时候,我们也需要别人的帮助,而在这个时候站出来帮我们的往往就是那些我们曾经帮过的人。

因此,不要吝啬,不要小气,多帮帮别人,一声问候、一个鼓励的眼神、一句赞美的话,都会给他人带来快乐,也会给你带来意想不到的收获。

如果我们将思想转向帮助旁人,或许我们可以找到平静心境和快乐。因为我们太热衷于自己,才使我们不快乐。

一位行善的人,临终后想看看天堂和地狱究竟有什么差别。于是他请求天使在把他带到天堂之前,先带他去地狱看看。

天使答应了他的请求,把他带到地狱。在地狱里,他看见一桌丰盛的晚餐,鸡、鸭、鱼、肉应有尽有。他很惊讶地问天使:"地狱的生活也不错

嘛，难道生前做恶的人也不用受苦吗？"天使冲他微微一笑，说："上帝是爱我们的，他不会主动惩罚每一个人。人们之所以受到惩罚，都是他们自己的过错。"这人还是不太理解。

这时，地狱的晚餐开始了。只见一群骨瘦如柴的饿鬼疯抢着坐到座位上，他们每个人都拿着一双十几尺长的筷子，都在努力试着用这双长筷子夹到美味的食物，但是筷子实在太长了，无论他们怎么努力，也无法把夹到的食物放到自己的嘴里。

这个人看着他们，好像明白了什么。这时天使对他说："你看，他们每个人都夹得到食物，却吃不到，你不觉得可惜吗？我再带你去天堂看看吧。"

于是这个人跟随天使来到天堂。在天堂里他同样看到一桌丰盛的晚餐，每道菜都和地狱里的一模一样。每个人用的筷子也和地狱里的一样，所不同的是，他们每个人都把夹到的食物喂给别人吃，而自己也不断地品尝到别人喂过来的食物。所以他们每个人吃得都很愉快。

天使说："这就是天堂与地狱的区别：你不愿意帮助别人，你就生活在地狱里；你助人为乐，你就生活在天堂里。

这个故事，给我们的启示很大：在我们的生活中，总会有地方需要别人的帮助。同样，我们身边的人也需要我们的帮助。只有互相帮助，我们才能生活得更美好、更快乐。

宽容，作为一种美德受到了人们的推崇，作为一种人际交往的心理因素也越来越受到人们的重视和青睐。

9.能够得到智者的批评是一件幸事

要知道,批评一个人是需要很大勇气,冒很大风险的。谁都知道"多栽花,少栽刺"的道理。一般而言,人们都喜欢听好话,而不愿意听批评意见,有些人还会错误地对待批评,甚至把提批评意见的人当成仇人。还需指出的是,智者只对值得批评的人提出批评意见,而对不值得批评的人根本不会去说他,懒得冒被人仇视的风险。

春秋战国时期墨子和他的弟子耕柱之间的一则故事,就很值得一读。

耕柱是一代宗师墨子的得意门生,不过,他老是挨墨子的责骂。有一次,墨子又责备了耕柱,耕柱觉得自己非常委屈,因为在墨子的许多门生之中,耕柱被公认是最优秀的,但他却偏偏常遭到墨子的批评,这让他觉得很没有面子。

一天,耕柱愤愤不平地问墨子:"老师,难道在这么多门生中,我竟是如此差劲,以至于要时常遭您老人家责骂吗?"

墨子听后反问道:"假设我现在要上太行山,依你之见,我应该要用良马来拉车,还是用老牛来拖车?"

耕柱回答说:"再笨的人也知道要用良马来拉车。"

墨子又问:"那么,为什么不用老牛呢?"

耕柱回答说:"理由非常简单,因为良马足以担负重任,值得驱遣。"

墨子说:"你答得一点也没有错。我之所以时常责骂你,也是因为你能够担负重任,值得我一再教导与匡正。"

听了墨子这番话,耕柱立刻明白了老师的良苦用心,从此再也不以遭受批评为耻,而是更加发奋努力,终于成为墨子的继承人。

三国时期的诸葛亮留下了许多文治武功的动人故事,诸葛亮也一直是人们崇拜的偶像。其实,诸葛亮之所以被誉为千古名相,除了他的个人才华卓越之外,还离不开他虚心接受别人批评和建议的品德。

诸葛亮是个恪尽职守的人,据说有一次他辛辛苦苦地趴在案前,亲自核对登记册和账本。主簿杨颙知道了这件事后,径直闯进丞相府,对诸葛亮说:"治理国家都有一定的规则和秩序,这个程序一定要遵守,不能乱;上下的职务、职责,也不能相互侵犯,否则就会乱套。请允许我用治家的小事来为您打个比方吧。"

于是,杨主簿给诸葛亮举了这个例子:"有一个财主起初治家有方,给奴仆派活井然有序,男人去耕田种地,女人去洗菜烧饭,狗留在家里看门,鸡主管报时,牛出力耕地,马奔驰长途。这就叫各尽所能,各司其职。主人只需负责检查,抓好统筹就可以了。

"可是忽然有一天,这位财主心血来潮,突发奇想,他不再派别人干活,而是亲自去干那些琐碎的活儿,结果累得他头昏眼花,身心疲惫,最后什么事也没有干成,更别提干好了。为什么呢?是这个财主的智慧不如男女奴仆吗?当然不是,问题在于他丢掉了管理的方法。古人讲得很明白:'安坐下来,议论制定治国大道的是王公;行动起来,执行政务的是士大夫。'

"如今丞相您治理国务,万事缠身,可您竟然亲自低着头、弯着腰来核查登记本和账单之类的事情,这不是太劳累辛苦而又没有必要吗?"

杨主簿一番坦率诚恳的劝告,使诸葛亮很受启发。他马上向杨主簿认了错,做了自我批评。

诸葛亮身为一国丞相,却能够虚心听取下属的正确意见,坦率地承认自己的错误,这种品德值得我们后人学习。

《道德经》曰:"信言不美,美言不信。"意思是真实的言辞不华美,华美的言辞不真实。接受批评是需要勇气的,要能够听得进不太中听的批评意见。勇于接受别人批评是一个人成长进步不可或缺的重要因素。

"良药苦口利于病,忠言逆耳利于行",这句贤文是说良药多数是带苦味的,但却有利于治病;而教人从善的语言多数是不太动听的,但有利于人们改正缺点。这句贤文旨在教育人们要勇于接受批评。

一个人有了过错并不可怕,只要能够及时改正就无大碍,可怕的是讳疾忌医,不愿意接受别人的批评意见,从而由小错到大错,由大错到不可救药。

纵观我国历史,凡是成就突出的人,大都勇于接受批评意见。他们能够从善如流,所以能够吸取众人的智慧,避免自己的失误,从而成就自己的事业。

第八课

护 心

——保护自己的社交技巧

1.说"欢迎提意见"的人未必真的愿意听意见

有些人总是先不说自己心里怎么想的，而总会表现出很大度的样子说："欢迎大家提意见。"不要以为这样的人与众不同，喜欢听反对意见，其实越是对别人的否定表现出不在意的人越是在意，内心里不希望听到你的批评意见。因此，如果你能很轻易就识破这样一种心理，你就不会在社交中吃亏。

刘蕾大学毕业之后进了一家私营医疗设备公司。老板对重点大学毕业的刘蕾非常看重。刘蕾也不负老板所望，业绩非常突出，并且一些别人难以完成的任务，交给刘蕾准不会出错。第一年刘蕾被提拔做了销售主管。老板非常喜欢在工作中兢兢业业的刘蕾，并且经常和她一起商讨比较重要的问题。渐渐地，刘蕾觉得自己在公司中已经有了非同一般的地位。

有一回，公司召开会议商讨和台湾一家大公司的合作方案。在会议上，老板将自己的计划和合作意向书拿了出来，让大家看一下。他大度地说："看看有什么意见，尽管提。"公司里的其他几名主管看了之后都没有说什么，唯独刘蕾看出了问题。她认为照这个合作方案进行合作，公司能够得到的利润非常小。于是坦率地对老板说她觉得这个合作方案有问题。

老板的脸色不太自然，但还是问她哪里有问题。于是，刘蕾从头到尾把这个合作方案批了一通。刘蕾当着这么多人的面把老板的工作全盘否

定了,这让老板很不高兴。

于是老板淡淡地说:"会议结束,这个问题以后再谈。"刘蕾本想强调拖延这个方案的后果,但看到老板一脸不高兴地离开了,便悻悻地闭嘴。

会后,刘蕾又去找老板商讨,她对老板说:"这个问题不能拖,要是按照这个合作方案……"

老板用很冰冷的语气说:"还有其他事吗?没有的话我还要处理一些事情。"刘蕾只好识趣地离开了。

很多时候,别人说:"欢迎大家提意见。"是一种场面话,尤其是有些人,一方面想要表现自己的大度,另一方面内心的自尊比常人更强。所以,他虽然嘴上说请大家多多指教,其实是想听到更多的鼓励和赞扬,而不是批评与反对。

2.职场化险为夷的十个黄金句型

以最婉约的方式传递坏消息
句型:我们似乎碰到一些状况……

你刚刚才得知,一件非常重要的案子出了问题,如果立刻冲到上司的办公室里报告这个坏消息,就算不干你的事,也只会让上司质疑你处理危机的能力,弄不好还惹来一顿骂,把气出在你头上。此时,你应该以不带情绪起伏的声调,从容不迫的说出本句型,千万别慌慌张张,也别使用"问题"或"麻烦"这一类的字眼;要让上司觉得事情并非无法解决,而我们听起来像是你将与上司站在同一阵线,并肩作战。

上司传唤时责无旁贷

句型:我马上处理。

冷静、迅速地做出这样的回答,会令上司直觉的认为你是名有效率、听话的好部属;相反,犹豫不决的态度只会惹得责任本就繁重的上司不快。

表现出团队精神

句型:××的主意真不错!

在这个人人都想争着出头的社会里,一个不妒嫉同事的部属,会让上司觉得此人本性纯良、富有团队精神,因而另眼看待。

说服同事帮忙

句型:这个报告没有你不行啦!

有件棘手的工作,你无法独力完成,非得找个人帮忙不可;于是你找上了那个对这方面工作最拿手的同事。怎么开口才能让人家心甘情愿的助你一臂之力呢?这个句型通常会让对方答应你的请求。不过,将来有功劳的时候别忘了记上人家一笔。

巧妙闪避你不知道的事

句型:让我再认真的想一想,三点以前给您答复好吗?

上司问了你某个与业务有关的问题,而你不知该如何做答,千万不可以说"不知道"。本句型不仅暂时为你解危。也让上司认为你在这件事情上头很用心,一时之间竟不知该如何启齿。不过,事后可得做足功课,按时交出你的答复。

智退性骚扰

句型:这种话好像不大适合在办公室讲喔!

如果有男同事的黄腔令你无法忍受,这句话保证让他们闭嘴。男人有时候确实喜欢开黄腔,但你很难判断他们是无心还是有意,这句话可以令无心的人明白,适可而止。如果他还没有闭嘴的意思,即构成了性骚

扰,你可以向有关人士举发。

不着痕迹地减轻工作量

句型:我了解这件事很重要;我们能不能先查一查手头上的工作,把最重要的排出个优先顺序?

首先,强调你明白这件任务的重要性,然后请求上司的指示,为新任务与原有工作排出优先顺序,不着痕迹地让上司知道你的工作量其实很重,若非你不可的话,有些事就得延后处理或转交他人。

恰如其分地讨好

句型:我很想知道您对某件案子的看法……

许多时候,你与高层要人共处一室,而你不得不说点话以避免冷清尴尬的局面。不过,这也是一个让你能够赢得高层青睐的绝佳时机。但说些什么好呢? 每天的例行公事,绝不适合在这个时候被搬出来讲,谈天气嘛,又根本不会让高层对你留下印象。此时,最恰当的话题莫过于一个跟公司前景有关,而又发人深省的话题。问一个大老板关心又熟知的问题,当他滔滔不绝地诉说心得的时候,你不仅获益良多,也会让他对你的求知上进之心刮目相看。

面对批评要表现冷静

句型:谢谢你告诉我,我会仔细考虑你的建议。

自己苦心的成果却遭人修正或批评时,的确是一件令人苦恼的事。不需要将不满的情绪写在脸上,但是却应该让批评你工作成果的人知道,你已接收到他传递的信息。不卑不亢的表现令你看起来更有自信、更值得人敬重,让人知道你并非一个刚愎自用、或是经不起挫折的人。

承认疏失但不引起上司不满

句型:是我一时失察,不过幸好……

犯错在所难免,但是你陈述过失的方式,却能影响上司心目中对你的看法。勇于承认自己的疏失非常重要,因为推卸责任只会让你看起来就

像个讨人厌、软弱无能、不堪重用的人,不过这不表示你就得因此对每个人道歉,诀窍在于别让所有的矛头都指到自己身上,坦承却淡化你的过失,转移众人的焦点。

3.用心听出弦外之音

有的人说话很隐晦,一句话可能有很多种意义,遇到这样的情况,你就要察觉其中隐含的信息,如此才能摸透对方的心思。

有人走进你的办公室,然后对你说道:"我快要累死了! 昨天、前天和大前天晚上,我都加班到十点钟才回家,我真的是累坏了!"你身为经理,听了那个人说的话,你必须找出其中隐含的信息,这是你应该做到的。

那个人想要传达的心思可能是这样的:"我实在需要别人帮忙,我知道公司雇用我做这个工作,是希望我自己一个人做,我担心的是,如果我对你说我需要帮忙,你会认为我没有做好工作,所以,我不想直接说出来,我只是告诉你,我现在的工作分量太重了。"

另一个隐含的信息可能是这样的:"上一次你评估我工作成效的时候,提起工作态度的问题来,并且还说希望每个人都更加努力工作,现在我只是想让你知道,我正在照着你的指示去做。"

也有可能这个隐含的信息是:"我有点担心,怕保不住工作,遭到公司辞退,所以我希望你知道,我是个多么恪尽职责的职员。"

可能还有一个隐含的信息是:"我希望你拍拍我的肩膀,希望你这位上级主管对我说:'我知道你工作很努力,我非常欣赏你的工作态度。'"

你应该能找出来"我实在是快累死了"这句话背后代表的意思。

那么，与人谈话时，如何才能更好地揣摩说话者的心思呢？

一是听声。同一句话，用不同的声调表达出来，其含义就不一样，有时甚至完全相反。听声就是通过发现声调中的异常因素，做出辨析，抓住隐含其中的心思。

比如说"好啊！他行！他真行！"这句话，如果说话者说这句话时，语气上扬，听者便能感觉出这是在赞扬某人。但如果说话者刻意压低语调，刻意拖长"行""真行"，那意思就刚好相反了，那就表示说话者对某人的严重不满，而这种不满情绪尽在言语之外。

很多情况下，同样一个意思，可以用肯定句、否定句、感叹句、假设句、反义句等许许多多的形式表达，可能不同的形式就表达不同的意思，这就需要你结合语境仔细辨析了。

二是辨义。说话者总是从一定的角度来表达他的思想。辨义主要是抓住说话角度这个关键，发现其中的异常因素，从而看清他的真正意图。

人们对于不好明说的事情，经常会换个角度含蓄地表达出来，而这个角度的改变其实都没有脱离具体的场合，所以你不要以为对方跑题，只要你结合场合来分析对方说的话，就很容易察觉出对方的意图。

三是观行。人们有时候碍于面子难免会说些违心的话，这个时候表现出来的就是言行不一，你只要注意观察他的具体行为，就能意会其内心的真实想法。

有些人心里不愉快，或生你气的时候，不会直接表达内心的不满，他们会绷着一张脸，用力地对你说："没什么！"或是用不耐烦的语气表示："算了！算了！不跟你计较！"一边说还一边乒乒乓乓地摔东西。即使是小孩，也看得出他们在生气！

下面几种"话"，你也一定要听懂。

"善于社交"

如果有一天你跟领导出去应酬，他在客人面前夸奖你特别"善于社

交"，你先别高兴得太早，因为那意味着你一定得好好表现，比如在酒桌上不将对方喝好喝倒，你可就真对不住他的夸奖了哦。

"最近公司效益很不好"

许多老员工恐怕非常害怕听到这句话，因为公司的效益不好意味着可能养不活现在这么多人，可能裁员那一天已经不远了。

"这人很随和"

要是哪天有人说你是个随和或者好脾气的人，你可以注意了，那意味着他们认为你个性软弱。

可以再考虑……如果你的方案……

遭到这样的评价，那你还是别再考虑了，直接换方案是最好的办法，这句话的意思就是"不行"。

"上级要来检查"

当上司跟你讲这话的时候，别以为只要明天自己谨慎度过就可以了，最好是今天就留下来加班。

最近家里面事比较多？

若是哪天上司莫名其妙地来了这么一句，相信他十有八九不是在关心你的家事，而是嫌你在工作上不够努力哦！

听说你跟某某关系不错

注意了，这是怀疑你私自向其他部门透露本部门的情况，若是哪一天发现你们部门和这个部门的设计方案重合了，那么这个泄密的嫌疑人无疑就是你。

4.老板一般不会说"我错了"

美国心理学家亚当斯提出一个"公平理论",认为员工的工作动机不仅受自己所得的绝对报酬的影响,还受相对报酬的影响——"人们会自觉或不自觉地把自己付出的劳动与所得报酬同他人相比较,如果觉得不合理,就会产生不公平感,导致心理不平衡。"

很多员工想要的相对报酬,就是老板能够在公正面前向自己低头。但是,请记住一条攻心学的基本原则——在职场,公正公平是不会存在于上下级之间的!

虽然职场的上下级之间的关系没有"军人的天职就是服从命令"那么苛刻,但是哪个上司不喜欢听话的员工呢?

大家都知道"史上最牛的女秘书"吧?她与自己的老板,EMC大中华区总裁陆纯初的"邮件门"事件,一时间闹得满城风雨、沸沸扬扬。

当日EMC大中华区总裁陆纯初回公司取东西,发现公司已经被锁上门了,而自己又没有带钥匙,于是打电话给自己的女秘书瑞贝卡,可是打了几次电话都没有联系上。这下上司可怒发冲冠了,回到家中在凌晨的时候通过内部电子邮件系统给瑞贝卡发了一封措辞严厉且语气生硬的"谴责信"。

结果,瑞贝卡不仅没有向老板低头认错,而且还有条不紊地为自己写了一封"辩护信",将责任全都推到了陆纯初的身上。她在信中写道:"虽然咱们是上下级的关系,也请你注重一下你说话的语气,这是做人最基

本的礼貌问题。首先,我做这件事是完全正确的,我锁门是从安全角度上考虑的,如果一旦丢了东西,我无法承担这个责任。其次,你有钥匙,你自己忘了带,还要说别人不对。造成这件事的主要原因都是你自己,不要把自己的错误转移到别人的身上。"总之,就是告诉老板应该公正地对待自己。

更绝的是,瑞贝卡把这封"辩护信"发给各个分公司,几乎所有的EMC人都收到了这封信。这一下可惹恼了顶头上司,陆纯初干脆大笔一挥,直接让瑞贝卡"被迫离职"。

其实瑞贝卡之所以回给老板这样一封"史上最牛的信",无非是觉得老板对待自己太不公正了,但是,老板真的会认为自己错了吗?瑞贝卡被辞掉后,求职屡屡碰壁,可见想从老板那里得到"公正公平"这种相对报酬,实在是不大可能。

瑞贝卡的故事告诉我们,将心比心,多反省自己,换角度想想他人的难处。

5.不小心得罪了上司怎么办?

在工作中,上下级之间难免发生一些不愉快的事情,产生一些摩擦和碰撞,引起心理冲突。这时候,作为下属如果处置不当,就会加深鸿沟,陷入困境,甚至导致双方的关系彻底破裂。那么,一旦与上司发生冲突后你怎么办?

刚大学毕业的小方踌躇满志,准备在工作上大干一场,然而他的很多意见却被上司认为是行不通的,在一次工作会议上,当小方的方案再一次被毙掉时,他一时失控,与上司争吵了起来。从那之后,小方感觉到上司对自己越来越冷淡,他不想因此失去工作,却又不知该如何解开与上司结下的结。

不论对错,在职场中得罪了上司总不是一件好事。如果当事人碍于面子或感情用事,不能及时化解的话,很可能会使双方关系进一步恶化,最后导致不得不离职。实际上,只要心诚且方法得当,疙瘩还是容易解开的。

心理专家建议,首先应做到主动出击。例如每天上班见到上司,主动说一句"早上好"。如果矛盾不深,你主动打个招呼很可能就将疙瘩解开了。如果上司依然冷淡,那就需要亲自去道歉了。

若责任在自己一方,就应勇于找上司承认错误,进行道歉,求得谅解。如果重要责任在上司一方,只要不是原则性问题,就应灵活处理,可以把冲突的责任往自个身上揽,给上司一个台阶下。人心都是肉长的,这样人心换人心,半斤换八两,极容易感动上司,从而化干戈为玉帛。

其次,必须注意道歉不是辩驳。道歉要表达的是诚意和歉意,而非争论问题本身。如果上司主动提到了问题,为了避免再次争论,你不妨说:"上次考虑的不够成熟,我回去仔细想想,做份文案再拿给您看看。"这样一来,既从问题中抽身而出,又表达了对上司的尊重;而以文案的形式呈给上司,更容易引起他的重视和思考。

如果得到了上司的原谅,一定要及时巩固道歉的成果。不妨给上司写一封信,表达对他胸怀大度的感激,同时也要恰当地赞美上司的人品和能力。比如"感谢您经常关心和体贴我们下属,也感谢您对我的错误的包容,我会更加努力工作的!"

但是无论如何都要选好时机，掌握住火候，积极去化解矛盾。譬如，当上司遇到喜事受到表彰或提拔时，作为下级就应及时去祝贺道喜，这时上司情绪高涨，精神愉快，适时登门，上司自然不会拒绝，反而会认为这是对其工作成绩的同享和人格的尊重，当然也就乐意接受道贺了。

当然，若是因为上司的情绪不好，出言误伤了你，作为下属不计较，不争论，不扩散，而是把此事搁置起来，埋藏在心底不当回事，在工作中一如既往，该汇报仍汇报，该请示仍请示，就像没发生过任何事情一样待人接物。

即使是开朗的上司也很注重自己的权威，都希望得到下属的尊重，最好让不愉快成为过去，你也不妨在一些轻松的场合，比如会餐、联谊活动等，向上司问个好、敬杯酒，表示你对他的尊重，上司自会记在心里，排除或是淡化对你的敌意，同时也向人们展示你的修养与风度。这样不揭旧伤疤，恶梦勿重提，随着星移斗转，岁月流逝，就会逐渐冲淡，忘怀以前的不快，冲突所造成的副作用也就会自然而然消失了。

不少人有这样的体验，即当与对方吵架之后，不好意思见对方，即使见了面也不好意思开口，那么就打个电话解释吧，可以避免双方面对面的交谈可能带来的尴尬和别扭，打电话时要注意语言应亲切自然，不管是由于自己的鲁莽造成的碰撞，还是由于上司心情不好引发的冲突，不管是上司的怠慢而引起的"战争"，还是由于下属自己思虑不周造成的隔阂，都可利用这个现代化的工具去解释；或者换个形式，利用书信的方式去谈心，把话说开，求得理解，形成共识，这就为恢复关系初步营造了一个良好的开端，为下一步的和好面谈铺开了道路。不过这样要提醒一句，这种方法一定要因人而用，不可滥用，若上司平时就讨厌这种表达方式的话就应禁用。

最后，如果自己实在不好出面，上司又不喜欢电话或书信表达，那你也不妨找一些在上司面前谈话有影响力的"和平使者"，带去自己的

歉意,以及做一些调解说服工作,不失为一种行之有效的策略。尤其是当事人自己碍于情面不能说、不便说的一些语言,通过调解者之口一说,效果极明显。调解人从中斡旋,就等于在上下级之间架起了一座沟通的桥梁。

但是,调解人一般情况下只能起到穿针引线作用,想重新修好,起决定性作用的还是要靠当事人自己去进一步解决。这时候要切记,一定不要和同事述说苦衷,试图争得同事的理解。这样的做法非常不可取。你的求助,很可能让对方陷入为难之地,人家担心会被卷入是非当中。如果你的倾诉对象一旦居心叵测,将你说的话传给上司,那你可就雪上加霜了。

6.学点"缓兵之计",引开难堪的话题

当你突然遭到对方咄咄逼人的袭击,该如何说才能转危为安呢?

如果你所遇到的质问或责难相当尖锐,不妨避实就虚,用"这件事我们以后再谈好吗?"等策略来缓和当时的紧张气氛。

在某大学的课堂上,教授正在讲授先秦历史,突然有一名好奇的学生提出一个与该节课内容毫无关系的问题:"请问老师,孔子一生仁慈,为何要杀少正卯呢?"

教授听后先是一愣,然后很用心地回答这个问题,但那位学生似乎想为难这位教授,一直不断地与他争论,弄得教授差点下不了台。

任何人如果碰上这种不讲道理的人,都不容易全身而退。虽然这位教授可以正面回绝学生的提问,但这种方法无法使对方心服口服。

事实上，这位教授不妨这样说："如果你对这个问题感兴趣，我们可以下课再详谈，现在是上课时间，让我们上完课再说吧！"

如此一来，想必那位学生也不好意思再坚持下去。

如果那位学生无论如何都要你当面回答，那就得看你能否很巧妙地躲闪这恼人的话题。否则，你便和对方永无休止地纠缠下去，不但意见上的分歧会越来越多，而且到头来只会让自己难堪。而这正是对方的最终目的，因此，你只要一不小心没有掌握好说话策略，便会落入对方的圈套。

假使当时你们是在一种不很严肃或不很正式的场合，你可以用另一种策略来避开对方的唇枪舌剑，例如以"这个时候我们只喝酒，不谈其他问题"来推辞，便可四两拨千金，轻松地将对方的话题引开。

如果是在学术讨论会上，这样的突发事件往往会引发火爆的语言冲突。若你冷静则还能够控制局面，如果你当时冷静不下来，而且你的身份和地位又要求你必须正面对抗时，往往就只有靠第三者来缓和冲突。

此时会议主席不妨暂时承认双方各有道理，同时表明这个问题要争论很久，而且事关重大，即使是他也无法立刻回答。此时你不能恃强争论，要顺势取巧，你可以说："关于这一问题我们日后再讨论，今天我们暂且只讨论此次的主题。"

当你从困境中脱身之后，如果觉得有胜过对方的把握，就可以在恰当的时机说服对方，回答他的问题。若没把握，也可以一直拖延下去，反正"日后"是一个虚拟概念，没有确定的时间。

这种说话方法比直接拒绝巧妙得多，也更容易让对方接受，虽然表面上你是低姿态，实际上却是拒绝正面回答以保持对方心态的平衡。如果你的口气能掌握得更准确一点，还会给人一种你对此问题根本不屑回答的感觉。

在现实生活中,有时你碰到的并不是一位很有理智的人,他不是提出一个问题,而是滔滔不绝地说话,既无条理,也没道理。

这种情况下你最好的办法是听他讲完后,再发表你的意见。

有一名鞋店老板就曾碰上这样的事,一位小姐花整个下午的时间在鞋店里挑选,结果批评的意见提了不少,鞋子却是一双也没有看上。

最后,这位小姐干脆请售货员找来老板,当着许多顾客的面滔滔不绝地说一些如"这双鞋的后跟太高了""我不喜欢这种皮料",或者"你们的服务态度真不好,我选了一下午的鞋子,居然没有一个人过来帮我出点主意"之类的牢骚话。

那位老板就像一名听话的小学生一样,一直站在旁边听她发表"高论",一声都没有吭。直到那位小姐说完后,老板才缓缓地说:

"对不起,请你等一会儿。"然后便走到鞋架旁,拿出一双鞋摆在小姐的面前说:

"小姐,我想这双鞋最能衬托你的气质。"

那位小姐半信半疑地将鞋穿上,结果不但大小合适,而且颜色、样式都令她十分满意。

那位小姐满意地说:

"这双鞋好像是专门为我订做的一样。"最后高高兴兴地付账离开。

做生意,人们都知道秉持"顾客至上"的信条,一般而言,无论顾客说什么,你都不可以反驳,除非顾客有侮辱你人格的地方,否则你就应该像那位鞋店老板一样听她说话,然后再发表你的意见,不给顾客唱反调的机会。

这位鞋店老板十分懂得这种顾客心理,也知道如何用说话攻她的心。

他先让对方发表意见,也许他根本一个字都没有听进去,但他的态度

173

令顾客十分满意,最后抓住机会轻轻一击,对方很快就败下阵来。

其实,那位鞋店老板最后拿出的那双鞋子,实际上是那位小姐早就试过却下不了决心购买的鞋子。

但经验老到又了解人性心理的老板,却早就看出她只是要人临门一脚,给她一个肯定的答案,好让她下决心。

事实上,这位执拗的小姐可能看了好几家鞋店,都没有人懂得她的心,也没有人有耐心听她抱怨,更没有人能在她抱怨后,适时给她一个建议,直到遇到这个老板。

因此,遇到这类不讲理或专门找麻烦的人,不妨妙用"四两拨千金"或鞋店老板的"顺水推舟",绝对不要动不动就发脾气或没耐心地应付,否则,硬碰硬的结果,让你后悔莫及。

7.几个该聪明闭嘴的场合

无声的力量就像空气,无所不在。

老子说:"真正的雄辩与木讷相同。"

西谚说:"争辩是银,沉默是金。"

"不言而言"这句话出自《庄子》,指的是人以沉默的方式来打动与说服人,使用无言战术来达到目的。

战国时,秦昭襄王第一次召见范雎时,范雎所采用的便是这种沉默的求人术。

当时秦昭襄王在位已36年,但国家军政权力依然掌握在母亲宣太后

和叔叔穰侯手中，使得昭襄王无法独立执政、实行变革，范雎就是在这时到达秦国的。他先给昭襄王上书，说自己有办法使秦国强大，还暗示了如何处理昭襄王与宣太后及穰侯的关键问题。

昭襄王于是决定召见范雎。到了召见那天，范雎故意事先在接见的地点四处闲逛。昭襄王驾到时，侍臣看到有人在附近闲逛，便道："大王驾到，回避！"

范雎这时故意提高声音说道："秦国哪有什么大王，只有宣太后和穰侯而已！"

这话正好击中了昭襄王积压在心中许久的心病。他有些不安地接见范雎，对他说："早该拜见先生的，只是政务烦心，每天要去请示太后，所以拖到现在。我生性愚钝，请先生不要客气，多加教诲。"

但范雎一言不发，若无其事地向四周顾盼着。

大厅内静悄悄的，气氛十分凝重。左右群臣们都有些不安地看着事态的发展。

昭襄王猜想可能是由于众臣在场，范雎有所不便，就遣退众臣，但范雎仍然一言不发。昭襄王于是又问道："先生有什么赐教于我？"

范雎开了口，说："是，是。"停了一会儿，秦王又一次请教，范雎仍只是说："是，是。"停了一会儿，如此重复了好几次。

后来，昭襄王长跪不起，说："先生不肯指教我吗？至少也该解释一下为什么一言不发的理由吧！"

这时，范雎才拜谢道："不敢如此。"于是滔滔不绝地谈下去。他谈的主要内容即是著名的"远交近攻"策略，同时也谈及太后、穰侯等人独断专权、架空昭襄王一事，并提出应对策略。

秦昭襄王听了范雎的话后十分赞赏，马上任命他为顾问。几年后，又让范雎做了秦国宰相。后来他对范雎说："过去齐桓公得到管仲，时人称他为'仲父'；现在我得到您，也要称您为'父'！"

范雎别出心裁的说服方法,确有其妙不可言的独特效力。沉默使昭襄王遣退了众臣,也使昭襄王能怀着一种惊异而专注的心理来倾听范雎的意见,并加重对他的敬重之意。

由于在会见前,范雎已出其不意地点明了昭襄王忧心的事,所以不用担心自己不言而昭襄王会不再求问,正是有了这种十足的把握,他才敢采用沉默的方法。

在该闭嘴的时候,选择聪明的沉默,这种方法在现代求人时也经常被采用。

例如,两个关系很亲密的朋友,其中一个犯了错误,虽然心中愧疚,但口头上不想承认。这时他的知心朋友来了,这个朋友不是指责他、劝说他,而是端坐在他的面前,以充满关心、体谅的温情眼光凝望着他,或是用威严而又热烈期盼的目光盯着他。在默默无言的相对之中,两个人的心灵在交谈,凝结在犯错者心头的冰块正在渐渐融化,终于承认了自己的错误。

范雎巧妙地运用沉默,为自己赢得应有的尊重与地位。如果能将沉默内化为个性的一部分,不仅能时常发挥"话多不如话少,话少不如话好"的力量,还会散发出独特的人格魅力,日本的西乡隆盛就是这样的人物。

西乡隆盛向来不修边幅,喜欢过一种朴素无华的生活;即使是在明治维新后,他官至日本陆军总司令、近卫都督,位极人臣时也丝毫未变。他住的是房租仅为三元的房子,穿的是萨摩碎白道花纹布衣,腰上缠一条白棉布腰带,以这种打扮参加宫中的酒会而泰然自若。

西乡最讨厌与人争论,平时少言寡语,彻底信守"沉默是金"的人生准则。因主张征韩论失败而与西乡同时下台的土佐藩人士后藤象二郎曾经指出:"和西乡议论时,由于对方在议论中始终默默不言,所以常以为自

己获胜,但是,回到家再仔细一想,才发现原来自己才是输家。"

西乡隆盛那近乎极端的沉默寡言,尤其在下面一则故事中表现得淋漓尽致。

有一天,西乡被邀请参加宫中的酒会。会后要离开时,却找不到自己的木屐。这时外面下着雨,但他也没有叫人帮忙找,就打赤脚默默地走出宫门,向雨中走去。来到城门口时,站岗的卫兵便把他叫住,要他报出官衔和姓名。等他报出"陆军上将,西乡隆盛"的官衔和姓名后,卫兵非但不相信,还不准他通过城门。

若是一般人,这时可能就会与卫兵争论一番,但是,西乡就这样默默地站在雨中,等待认识自己的人经过。不久,古大臣(明治维新政府的内阁官名,相当于右相)岩仓具视坐车经过这里,证明了西乡的身份,西乡才被放行。

明治维新的杰出人物之一板本龙马曾经根据与西乡第一次见面的印象,评论西乡说:"西乡是愚蠢,但其愚蠢的程度有多大却不可测。轻轻敲他,则轻轻地响,用力敲他,则响声也大。"

西乡隆盛之所以受到前辈、同僚的重视以及部下、后辈的信服,其原因就在于他这种为人的魅力与莫测高深!

如果你不是话少的人,至少也该学学怎么聪明地闭嘴。以下是几个该聪明闭嘴的场合:

一、当他人在气头上。

二、当他人正忙得不可开交,分身乏术。

三、当他人累得眼睛快要睁不开。

四、当他人完全不说话。

五、当他人不断转移话题,顾左右而言他。

六、当他人直接明白地拒绝你。

七、当他人比你还想说话。

在以上这七种情况下，聪明的沉默，会给对方留下深刻的印象，之后，再诚恳地说服对方，往往会得到不错的答案。

8.有备用方案就不会措手不及

保持敏锐的头脑、通权达变的活力思维非常重要，今天的世界瞬息万变，在这样的环境下要取得成功谈何容易？"备用方案"能让我们面对突发事情时，不会惊慌失措，会更加自信地处理各种事务。

做人做事必须要有"备用方案"——为自己多考虑几条安全通道。但我们时常可以发现，有些人一般不会找"平衡点"，但事实说明，你要想在人与人之间不偏不倚又游刃有余，没有一定的平衡技巧是行不通的。因此，要解决如何复杂的人际关系问题，多准备几手，适度中立，方能有备无患。

人在职场会遇到很多种情况，拥有"备用方案"会让你游刃有余。

下面是美国职员克多尔讲的关于自己的一个很好的例子：

"您好，"我对老总说，"昨天我交给您的文件签了吗？"老总转动眼睛想了想，然后装模作样翻箱倒柜地在办公室里折腾了一番，最后，他耸耸肩，不情愿地说："对不起，我找过了，我从未见过你的文件。"如果是刚从学校毕业的我，会义正词严地说："我看着您的秘书将文件摆在桌子上，怎么会找不到呢？您可能将它卷进废纸篓了！"可我现在才不会这样说呢。我会平静地说："那好吧，我回去找找那份文件。"于是，我下楼回到自己办公室，把

电脑中的文件重新调出再次打印，当我再把文件放到杰克先生面前时，他连看都没看就签字，其实他比我更清楚文件原稿的去向。但我却一点都不生气。

适时运用"备用方案"，主动言和是运用智慧寻找冲突的最佳解决方案，使问题最终得以处理；这样做的同时也就给自己创造了一个良好的工作空间。

没有先期的计划和应对方案，就会让你手足无措，引发那些无谓的争论。如果在争论中你输了，自然是输了自己的观点，无话可说；即使是你赢得了争论，可是对方却会因此而认为你这个人性格太张扬，不易接近和相处，以后会因此而疏远你，更为严重的是，你让他丢脸，你可能会觉得输了自尊，甚至挫伤了别人的自信心和积极性，因此会怨恨你，对你产生抵触情绪，也许还想着总有一天要伺机报复回来。

所以，凡事多想一步，多预备应急方案。在关键时刻会让你从容应对并赢得先机。"备用方案"的关键在于居安思危，从全局的、发展的眼光考虑问题，预作多种避祸的准备。

第九课

养 心

——心态稳定，才能进退自如

1.保持一颗热忱之心

"热忱"在古希腊语中的意思是内心之神，可以说如果成功要借助某种神灵之力，那么这种神灵就是热忱。俗话说：世上无难事，只怕有心人。对"有心人"的正确理解就应该是满怀热忱的人，也就是对事物保有持之以恒的情感和才能的投入。热忱意味着拥有对生活的热爱和对事业的狂热。拿破仑·希尔指出："你若能保持一颗热忱之心，那将会给你带来奇迹的。"

一次，拿破仑·希尔同他的母亲在一个浓雾之夜渡江到纽约，母亲欢叫道："这是多么令人惊心动魄的情景啊！"

拿破仑·希尔问道："有什么出奇的事情呢？"

母亲仍旧充满热情："你看呀！那浓雾，那四周若隐若现的光，还有消失在雾中的船，带走了令人迷惑的灯光，多么令人不可思议。"

或许是被母亲所感染，他也感觉到那厚厚的白雾中隐藏着的神秘、虚无及点点的迷惑。他那颗迟钝的心在这时仿佛得到了新鲜血液的渗透一样不再没有感觉了。

母亲看着拿破仑·希尔："我从来没有放弃过给你忠告。无论以前的忠告你接受不接受，但这一刻的忠告你一定得听，而且要永远牢记。那就是：世界从来就有美丽和兴奋的存在，她本身就是如此动人、如此令人神往，所以，你自己必须要对她敏感，任何时候都不要让自己感觉迟钝和麻木，任何时候都要保持一颗热忱的心。"

拿破仑·希尔一直记着母亲的话，并且他本人也试着去做，就是让自己保持那颗热忱的心、那份热情。

在人的生命中，做得最多和最好的那些人，也就是那些成功人士，肯定都具有这种能力和心态。即便两个人具有完全相同的才能，那个更具热情的那个人肯定会取得更大的成就。

麦克阿瑟将军在南太平洋指挥盟军的时候，办公室墙上挂着一块牌子，上面写着这样的座右铭：你有信仰就年轻，疑惑就年老；有自信就年轻，畏惧就年老；有希望就年轻，绝望就年老；岁月使你皮肤起皱，但是失去了热忱，就损伤了灵魂。

这是对热忱最好的赞词。培养发挥热忱的特性，我们就可以对我们所做的每件事情，加上了火花和趣味。

一个拥有热忱之心的人，不论是在挖土栽树，或是经营大公司，都会认为自己的工作是一项神圣的天职，并怀着深切的兴趣。对自己的工作热忱的人，不论工作有多么困难，或需要多大的训练，始终都会用不急不躁的态度去进行。只要抱着这种态度，就一定会成功，一定会达成目标。爱默生说："有史以来，没有任何一件伟大的事业不是因为他们有一颗热忱之心而成功的。"事实上，这不是一段单纯而美丽的话语，而是迈向成功之路的指标。

热忱是一种力量，它能帮助你集中全身力量去投身于某一件事情。很多成功人士保持有这种热忱，热忱使人成功。

在波士顿有个棒球队，一直以来都拥有极少部分的观众，支持他们的力量很弱，他们的表现也很差。但后来他们到了密尔瓦基，这里的市民对这个新球队的热情很高涨，棒球场挤满了人，十分关心这个队，并且相信这个队一定能够取胜。

市民们的热情、乐观与信赖，给了这支棒球队很大的鼓舞，第二年，他们跃登联赛的首位。依然是原班人马，但在这个球队内部却有了一股前所未有的力量，他们因此而发挥出了从来没有过的水平。这是因为观众的热情给棒球队输入了新鲜血液，为他们创造了奇迹。

在我们的生活中，很多人或多或少有自卑感，他们常常低估自己，没有信心，缺少热心。实际上，每个人都应该相信自己的健康、精力与忍耐力，都具有巨大的潜在力量，自信和热忱会给予我们极大的帮助。热爱自己，热情工作，就会帮助我们取得成功。

一个人如果能够保持一颗热忱之心，那么，很多事会迎刃而解。

在纽约，有一位小姐从秘书学校毕业后，想找一份医药秘书的工作，由于她缺少这方面的工作经验，所以面试了好几次都没成功，于是她就开始运用热忱原则。在她去面试的途中，她自言自语，"我要得到这个工作，"我懂得这个工作。我是一个勤快而自律的人，我能够做好这个工作。医生将会视我为不可缺少的人。"在走到办公室的途中，她一直对自己重复这些话。她充满信心地走进办公室，而且热忱地回答问题，医生也就录用了她。几个月后医生告诉她，当他看到她的申请表上写着没有任何经验的时候，他决定不用她。只是给她一次礼貌的谈话而已，然而她的热忱使他觉得应该试用她看看。她把热忱带进了工作当中，之后成了一位很出色的医药秘书。

所以，在生活中，我们应该保持相当的热忱，只有这样，我们才有可能走上成功之路。

有一个曾被自卑、焦虑的病态心理折磨得几乎对自己的事业绝望的

人，在经历了一场心理战，且尝试着付出热忱之后，终于使自己的事业有
了起色，并重新获得了欢乐。他对自己这一段大起大落的生活感慨万分，
他说："我得到了一个深刻的教训，我体会到我必须去做一件了不起的事
情，就是改造我自己，唤起自己对生活、对每一件与自己相关联的事情的
热情，学会对每个人、每件事都做出热心的样子，并热心去做每件事，让
热情贯穿自己的生活，这样，才不至于让沮丧、烦恼占据自己的心，终于
使我又得到了充实的生活。我也将永远保持那一份热忱。"

想要改变自己，就要首先从改变自己的生活态度做起。只有对生活充
满热忱，才能使自己重新拥有活力，进而改变自己，做成功优秀的自己、
成功的自己。

在南非有一位叫阿尔夫·麦克依凡的人就是以热忱之心和一个暴烈
难缠的顾客建立了生意关系。阿尔夫·麦克依凡负责出租起重机给承包
商。那位被他称为"史密士先生"的人总是很粗鲁无礼，而且经常大发脾
气，见了两次面，史密士都拒绝听他的解说。然而，麦克依凡却还是要再
见史密士一次。

麦克依凡说出了经过："他又在发脾气，站在桌子前面向另一个推销
员大声吼叫。史密士先生脸红得像蕃茄一样，而那个可怜的推销员正浑
身抖个不停。我不愿意让这种景象吓倒我，我决心表现出我的热忱。我走
进他的办公室，他粗声粗气地说：'怎么又是你！你要什么？'在他继续说
下去之前，我先展开微笑，以平静的声音和最热忱的态度对他说：'我要
将所有你要的起重机租给你。'他站在办公桌后面15秒钟没有说话。他以
一种不解的眼光看着我，然后说：'你坐在这里等我。'他在一个半小时以
后回来，招呼我说：'你还在这里。'我告诉他我有非常好的计划提供给
他，因此，我必须要向他介绍这个计划之后才会离开。结果我们订了一年

的合约,而且以后还可以做更多的生意。"

只有对工作毫无热忱的人才会到处碰壁,相反,那些对工作充满热忱的人才能取得成功。查尔斯·史考也曾说过:"对任何事都充满热忱的人,不论做任何事都能成功。"

如果没有热忱,军队就不能够打胜仗,雕塑就不会有灵魂,音乐就不会如此动人,人类就没有驾驭自然的力量,雄伟建筑就不会拔地而起,诗歌就不能打动人的心灵,这个世界也就不可能会有慷慨无私的爱。热忱使人们拔剑而出,为自由而战;热忱使樵夫举起斧头,开拓出人类文明的道路;热忱使弥尔顿和莎士比亚拿起笔,在树叶上记下他们燃烧着的思想。

一个没有一颗热忱之心的人,不管做什么事都不能顺利地完成。热忱是一种待人接物的良好心态,也是一种激发自身潜能的巨大力量。在生活和工作中,如果我们用一颗热忱之心对待一切,就会出现奇迹。

2.困难如弹簧,你软它就强

人生在世,困难在所难免,有些人遇到困难是一声叹气:"哎!我怎么这么倒霉!"有些人遇到困难坚强地说:"我要打败你。"

纵观古今中外,那些有所成就的人都经历了困难,他们是向困难挑战的胜利者。

美国著名作家海伦·凯勒一岁半就双目失明,双耳失聪,命运对她是

残忍的,然而,她凭着自己的坚强不屈的精神和老师的帮助,向困难发出挑战,终究战胜了她心理上的阴影,跨入了美国著名学府——哈佛大学,成为美国的著名作家。像这样的例子还有许多,比如爱迪生、托尔斯泰、爱因斯坦等,他们都是战胜一个又一个困难,从而使自己取得成功的典范。

伟人之所以是伟人,就在于他们面对困难时,不退缩、不畏怕,而是采取迎难而上主动挑战困难的积极态度,成就了一番事业,他们都用美好的心灵去打探美好的世界。

要知道,困难如弹簧,你软它就强。困难是我们的意志力、品格、信念的试金石。知难而退的人,终究不过是在生活的海边临渊羡鱼。殊不知,只有在困难面前,让你的全力以赴如影随形,方可显出你非常的气魄,与他奋斗,其乐无穷。

挑战困难,是我们正视困难的一种心态和追求。那些没有被困难吓倒的人,并不是有什么大智大勇,有的只是不轻易放弃的豪情和孜孜不倦的毅力。试想:身处逆境时,你自己不倒下去,又有谁能让你倒下去呢?

人不可能时刻都成为命运的主宰,但坚强之人可以努力尝试着让那些不顺意的日子在灿烂的氛围中穿行。当生命处于黯然失色时期,也要为自己点一盏心灯,照亮自己的前程。

挑战困难,不管前面是地雷阵雨,还是万丈深渊,我们都要义无返顾地往前走,去开创一个焕然一新的局面。挑战困难,你会坚信风雪虽寒却终究难以抗拒丽日晴天。

其实,我们有三种面对困难的态度:一是知难而进,二是知难而退,三是迂回躲避。

知难而进者,被认为是那种"明知山有虎偏向虎山行"一类行为的倡导者。他们在面对困难时,不躲不避,迎难而上。他们既正视困难又藐视

困难。他们相信，只要付出努力，就算有再大的困难也会被消灭。他们在乌云中看到了光明，那是信念，支撑着每一个坚强的人知难而进，走向成功。

知难而退者，在面对困难时，只会以各种借口来代替前进，在长征途中，如果革命前辈们都像这些知难而退者，那么红军怎么能够翻雪山过草地，走向抗日的战场呢？成功之花永远也落不到知难而退者的手中。

迂回躲避者，是小聪明、小智慧，甚至是投机取巧。在我们的生活中，不乏做事总想找捷径的人。当然，捷径是有的，但不是所有的捷径，都能到达"罗马"的。

一位哲人与门徒雨后走在土路上，他的新鞋上沾了很多泥点儿。一位穿了雨靴的门徒问他："出来时为什么不换双鞋呢？"哲人望望连着村子与外界的泥泞的路，意味深长地说："换鞋不如换路呀。"门徒顿觉心头一震。后来，在哲人的带领下，大家一起修整了路面，从而一劳永逸，不必再受"换鞋"之苦。

不错，知难而进者，想到了"换路"；知难而退者，想到了"换鞋"；迂回躲避者，会想到了"搬家"。"搬家""换鞋"会比"换路"容易得多，改变自己会比改变世界容易得多。一味被动地适应外界的要求，就会迷失自我，困难也得不到彻底的解决。因而，只有"换路"才是真正解决困难之法。

任何人在自己的一生中将会遇到无数大大小小的困难，困难犹如人生道路上的筛子，它让强者通过，把弱者留下。所以，我们一定要修养和铸造自己不怕困难、知难而进的品格。要在困难面前成为强者，就要具有蔑视困难，向困难进行挑战的决心；越是困难越向前，百折不挠腰不弯的顽强性；有失败面前不气馁，逆境之中不动摇的坚韧性。没有这"三性"，"知难而进"终是一句空话。

胜利往往属于敢向困难挑战的强者，他们在与困难的斗争中认识了生活的意义与生命的价值，领略到胜利的喜悦；那些在困难面前气馁退缩的人，永远无法享受胜利的喜悦。

困难伴随我们一生。没有困难的"世外桃源"是不存在的。任何成功都是在一个人战胜困难而取得的。一个人想要不经过困难曲折，不做出积极努力，一帆风顺地得到成功，那根本是不可能的。

3.学会适时"自嘲"

自嘲，字典中的意思就是自我嘲笑，自我解嘲的意思。自嘲是心胸开阔、为人宽厚、性格幽默的表现。在这个充满挑战与压力的社会中，学会自嘲显得尤为重要。

著名的哲学家苏格拉底很善于自嘲。他的妻子是个泼妇，常对他发脾气，而苏格拉底总是对旁人自我解嘲说："讨这样的老婆好处很多，可以锻炼我的忍耐力，加强我的修养。"

一次，老婆又发起脾气来，大吵大闹，很长时间还不肯罢休，苏格拉底只好退避三舍。他刚走出家门，那位怒气难平的夫人突然从楼上倒下一大盆水，把他浇得像只落汤鸡，这时，苏格拉底打了个寒战，不慌不忙地说："我早就知道，响雷过后必有大雨，果然不出所料。"

自嘲是人格健全和心理健康的重要标志，从自嘲者的本意来看，多有"醉翁之意不在酒""言此意彼"的特点。自嘲产生于对人生哲理的深透体

察,是既看到自己的不足,又看到自己长处后的一种自信,是最为深刻的自我反省,并且是自我反省后的精神超越。

在日常生活中,人的心理就像一个非常敏感的天平,稍有变化就会失去平衡。然而,运用自嘲可以使心理的天平保持平衡。

传说古代有个石学士,一次骑驴不慎摔在地上,一般人一定会不知所措,可这位石学士不慌不忙地站起来说:"亏我是石学士,要是瓦的,还不摔成碎片?"一句妙语,说得在场的人哈哈大笑,这石学土也在笑声中免去了难堪。以此类推,一位胖子摔倒了,可说:"如果不是这一身肉托着,还不把骨头摔折了?"换成瘦子,又可说:"要不是重量轻,这一摔就成了肉饼了!"

有一位秃头老师给学生上第一节课时,一个学生用一段歌词讽刺老师,可是,这位老师不但没有责怪他,反而拍了拍自己的头,说道:"热闹的马路不长草,聪明的脑袋不长毛",引得全班哄堂大笑。在笑声中,老师与学生的距离更拉近了。

自嘲能帮我们建立起良好的心理素质。而拥有良好的心理素质不异于获得了不老的良药。

古代时有一个文人叫梁灏,少年时立下誓言,不考中状元誓不为人。结果时运不济,屡试不中,受尽别人的讥笑。但梁灏并不在意,他总是自我解嘲地说,考一次就离状元近了一步。他在这种自嘲的心理状态中,从后晋天福三年开始应试,历经后汉、后周,直到宋太宗雍熙二年才考中状元。他写过一首自嘲诗:天福三年来应试,雍熙二年始成名。侥他白发头中满,且喜青云足下生,观榜更元朋侪辈,到家唯有子孙迎。也知少年登科好,怎奈龙头属老成。自嘲使梁灏走过了漫长的坎坷,终于走向成功。

自嘲,也使他走向了长寿,活过了古代难以逾越的九旬高龄。

在我们的生活中,几乎每个人都会遇到一些让人难堪的局面,遇到窘境,如何冷静应对,调整心情呢?"自嘲"是一剂平衡自我心理的良药。

一次,林肯在某个报纸编辑大会上发言,指出自己不是一个编辑,所以他出席这次会议,是很不相称的。为了说明他最好不出席这次会议的理由,他给大家讲了一个小故事:"有一次,我在森林中遇到了一个骑马的妇女,我停下来让路,可是她也停了下来,目不转睛地盯着我的脸看。她说:'我现在才相信你是我见到过的最丑的人。'我说:'你大概讲对了,但是我又有什么办法呢?'她说:'当然你生就这副丑相是没有办法改变的,但你还是可以待在家里不要出来嘛!'"大家为林肯幽默的自嘲而哑然失笑。

自嘲能让人挽回面子。

某舞会上,一个个头偏矮的男子,去邀请一位身材高挑的女孩跳舞,那女孩礼貌地拒绝说:"我从不与比我矮的男人跳舞。"男人听了没有发火,也没有指责对方,而是淡淡一笑,自嘲地说:"我真是武大郎开店,找错了帮手!"那女孩听后反而脸红耳赤不自然起来。自嘲使那位男士走出窘境,而且还把尴尬抛还了那个伤害自己的女孩。

其实,自嘲既可以让我们挽回面子,也可使我们保持平静的心情。比如:当你在经济上受到不合理的待遇时,你的生理缺陷遭到别人的嘲笑时,无端受到别人攻击时,你不妨采用阿Q的精神胜利法,比如"吃亏是福","破财免灾"等调节一下你失衡的心理;在一些非原则问题上,可以

装装糊涂、为心灵增加一层保护膜；在时机适当时还可以像那位男士那样幽他一默。

一个会自嘲的人，往往就是一个富有智慧和情趣的人，也是一个勇敢和坦诚的人，更是一个将自己里里外外上上下下看得很明白的人。自嘲是一种鲜活的态度，它会让原本沉重的东西，刹那间变得轻松无比，会让不快与烦恼随风而去。自嘲，是一剂宣泄积郁、制造心理快乐的良方，当然也是反嘲别人的武器。学会自嘲，不为名利所累，不为世俗所扰，不以物喜，不以己悲，心怀坦荡，以豁达的心态对待人生，会使你生活幸福、身体健康。

4.时刻注意自我控制

在这纷扰的社会中，我们不可能事事都一帆风顺，不可能要每个人都对我们笑脸相迎。有时候，我们也会受到他人的误解，甚至嘲笑或轻蔑。这时，如果我们不善于控制自己的情绪，就会造成人际关系的不和谐，对自己的生活和工作都将带来很大的影响。所以，当我们遇到意外的沟通情景时，就要学会控制自己的情绪，轻易发怒只会造成反效果。

有时候，一个人必须适当地控制自己，能够控制自己的人无疑是成功的人，不能很好地控制环境的人，往往要受到他人情绪或行为的影响，从而决定他们的生活中充满着快乐还是悲伤，是高兴还是烦恼，是重视还是轻视。而真正强大的人是不会依赖于外部世界的，他不会把自己的喜悲都表现在自己脸上，不会把内心的平静抛售给繁杂的世事，不会让爱与哀愁左右自己的情感、态度、语言和睡眠，保持身心的和谐与

放松,他是自己的主人,他对自己负责,也负得了责。这样的人,他们有充分的自我控制能力。

善于自我控制,善于克制自己感情,约束自己的言语,控制自己的行为,心理学上称"自制性"或"自制力",这是意志品质的一个方面。

人常常不能正确识别事情的本质,即便在冷静的时候观察人或者事,也是很难得到正确的答案的。如果受偏执情绪的干扰,那就更可能出现问题。很多人往往在自己混乱的情绪下做了错误的判断。

人生最大的敌人,不是别人,而是自己。对自己的纵容,纵容自己就是毁灭自己。成功者之所以成功,就是因为他们总是不断反省,永远自律。据哈佛商学院对120位成功人士的研究,发现一个共同的规律就是人人都注重自律。

张伯苓是著名教育家,他长期担任南开大学校长,他责己严格,对学生的要求也是毫不放松。一次上"修身课"的时候,他看到一位学生的手指被烟熏得焦黄,便指责他说:"你看,吸烟把手指熏得那么黄,吸烟对青年人身体有害,你应该戒掉它!"但令他没想到的是,那这位学生反驳道:"您不是也吸烟吗?为什么又来说我呢?"张伯苓被问得说不出话来,憋了一会儿,就把自己的烟一撅两段,坚定地说:"我不抽,你也别抽。"

下课以后,他又请工友将自己所有的雪茄烟全部拿出来,当众销毁,工友非常惋惜,舍不得下手。张伯苓说:"不如此不能表示我的决心,从今以后,我跟同学们一起戒烟。"从那次以后,张伯苓就再也没有抽过烟。

控制自己,不是一件很容易的事情,因为我们每个人心中永远存在着理智与感情的斗争。"做自己高兴做的事",不顾一切地想要达到自己的目的,这并不真正是对人生和自由的追求。你应该有战胜自己的感情、控制自己命运的能力。一个人如果任凭感情支配自己的语言、行动,

那就使自己变成了感情的奴隶。不能自我控制，往往会使自己做下一些错误的举动。

自我控制，的确是一种智慧。一个能很好地控制自己的人，可以支配自己的激情，便能支配自己的命运。而一个人想要很好地自我控制，极其重要的一点就是不能放纵自己的欲望，如果为了寻求眼下的满足，而以牺牲未来为代价的话，那么这种代价所导致的损失将是你终身都无法弥补的。所以，及时地自我控制是非常重要的。

从另外一个方面来看，一个成功的人在与他人交往的过程中，总是习惯地运用求同存异的智慧，而能够自如地运用求同存异的智慧的人，肯定是一个有高度自我控制能力的人。

自我控制，就是能合理地控制自己的情绪、行为、语言，就是不排斥他人不同的观点、意见、习性等，要做到自我控制，关键的一点就是要多思考、多包涵，充分运用求同存异的交际艺术，妥善地处理自己与他人的关系，从而获得人生最大的快乐。在与别人交往、相处的过程中，你要时刻记住"求同存异"的概念，就是尊重每一个人的独特性，如果你不允许别人与你不同，拒绝与他人在交往时求同存异，那么最终你只能把自己孤立起来。

那么，人们应该怎样培养成自己的自我控制能力呢？

富兰克林是18世纪美国著名政治家，在工作期，他和沃茨印刷厂的管理员发生了一场误会。这场误会导致了他们两人之间彼此憎恨，甚至演变成激烈的敌对状态。这位管理员为了表现出他对富兰克林一个人在排版间工作的不满，把房里的蜡烛全部都收了起来。这种情形一连发生了几次，最后当富兰克林到库房里排版一篇预备在第二天晚上发表的稿子，在版桌前坐好时，却无论怎样都找不到蜡烛。

富兰克林气得立刻跳了起来，他奔向地下室，将管理员痛骂了一顿，

岂料管理员转过头来以一种充满镇静与自制的柔和声调说道："呀，今天你显得有些激动，不是吗？"

管理员的话就像一把锐利的短剑，一下子刺进富兰克林的身体。富兰克林赶紧逃离了库房。

当富兰克林回去把整件事情反省了一遍后，他立即看出了自己的错误。坦率说来，他很不愿意采取行动来化解自己的错误。然而，富兰克林知道，他必须为自己刚才的行为向那个人道歉，内心才能平静。最后，他费了很长时间才下定决心，去了地下室，把那位管理员叫到门边："我是回来为我的行为道歉的——如果你愿意接受的话。"管理员听后，脸上立即露出了微笑，他说："凭着上帝的爱心，你用不着向我道歉，除了这四堵墙壁，以及你和我之外，并没有人听见你刚才所说的话。因此，不如从此我们就把这件事情忘了吧！"

在富兰克林的一生中，这件事情成为最重要的一个转折点。富兰克林说："这件事教育我，一个人除非先控制了自己，否则他将无法控制别人。"这也使我们明白了这句话的真正意义："上帝要毁灭一个人，必先使他疯狂。"

在平时的生活中，时时提醒自己要自律，有意识地培养自律精神。比如，针对你自身性格上的某一缺点或不良习惯，限定一个时间期限，集中纠正，这样会取得较好的效果。千万不要纵容自己，给自己找借口。对自己严格一点，时间长了，自律便成为一种习惯、一种生活方式，你的人格和智慧也随之更完美。

5.合理地调控自己的情绪

情绪在我们的生命中，总是伴随于我们的左右。若能正确地处理好它们，就可以为我们的生命添加色彩，成为生活中的享受。反之，情绪可能会成为我们的负担，侵蚀我们的生命。

成功者之所以成功，是因为他们不被情绪所左右。小心谨慎是一个人的最基本的素质。那些根本不存在的东西当成是现实的人，十有九个是要失败的。

在我们所做的每件事情当中，都会不同程度地受到情绪的影响。好心情让我们信心百倍，以饱满的热情去面对工作和各种事情，为我们带来伟大的成就；不好的心情，就会让我们在工作中迷失方向，最终导致失败。

一般来讲，人们把消极与积极的情绪各分为7种。

其中，七种消极情绪为：恐惧、仇恨、愤怒、贪婪、嫉妒、报复、迷信。七种积极情绪为：爱心、爱情、希望、信心、同情、乐观、忠诚。

以上的这14种情绪，正是我们人生计划成功或失败的重要所在，它们的组合，既能意义非凡，又能够混乱无章，完全由我们自己决定，因为情绪是可以进行人为控制的。

有个小男孩，他脾气很坏，动不动就跟别人发脾气。每次发过脾气，他自己也很后悔，也想改正，但总是改不了，他为此也很伤脑筋。

一天，小男孩的爸爸给了他一包钉子，要他每发一次脾气，就往屋后

栅栏上钉一根钉子。

第一天，小男孩在屋后的栅栏上钉了五六根钉子。过了几个星期，小男孩逐渐就学会控制自己的情绪了，每天在栅栏上钉的钉子越来越少。小男孩也觉得非常高兴，他把自己的转变告诉了爸爸。

他爸爸又建议他说，如果你能坚持一天不对任何人发脾气的话，你就从栅栏上拔下一根钉子。

又过了几星期，小男孩终于把栅栏上所有的钉子都拔完了。爸爸很高兴，拉着小男孩的手，来到栅栏跟前说："好儿子，你做得很好，爸爸应该奖励你。但是，你看看，在你拔掉钉子的栅栏上，留下了什么？"

"一个个小孔。"小男孩用手摸了摸眼前的栅栏说。

"对，原来好好的栅栏上，已经留下了许多小孔，这些栅栏再也不能成为原来的样子了。就诸如当你向别人发过一次脾气后，你的那些不礼貌的语言，就像这钉子扎在栅栏上一样，在别人的心灵深处留下了深深的伤疤。你经常对别人发脾气，然后再道歉，也像钉子钉进栅栏，然后再拔出来一样，无论你向别人赔多少不是，说多少句对不起，那伤疤仍会长期留在别人的心底里。"

我们要学会合理地调控自己的情绪，这样才不至于在自己情绪激动的情况下做出一些冲动的举动，以至自己后悔莫及。

情绪就像是"发电机"，它可以源源不断地产生能量，用以推动人的各种活动，使我们拥有积极进取的人生。

情绪有好有坏，我们不可能只感受快乐的情绪，而把不快乐的情绪抛开。在我们的人生里，会无可避免地产生令人不快的情绪，如忧郁、失望等，这些消极低落之类的情绪在一定程度上会耗损我们的能量。在我们的生命中如果充满了耗损性情绪，大部分的能量白白地浪费了，这部"发电机"就不能发挥出应有的功效。

所以,我们必须控制好自己的思想,而且要对思想中产生出的各种情绪始终保持一种警觉的态度,并且视其对心态的影响是好是坏而接受或拒绝。那些乐观正面和充满激情的思想能增强我们的信心和弹性;不过,那些悲观负面和消极的思想会让我们失去宽容和正义感,让我们无法驾驭和控制情绪。而如果任由自己的情绪来支配我们的行为的话,那我们的一生将会因为情绪的不稳定而受到很大伤害。

假如说,情绪是奔腾的"洪水",那理智就是一道坚固的"闸门"。我们一定要在自己的头脑中牢牢装上这道"闸门",让情绪听从理智的安排,而不是放任自流。

人生是一幅五彩的油画,情绪是那绚丽多彩的调色板。我们一定要调节好自己的情绪,把自己的人生点缀得五彩缤纷,给自己增加无穷的乐趣。

6.压力如水,可载舟也可覆舟

现代社会竞争激烈、充满压力。学生有课业升学的压力;工人有下岗再就业的压力;公务员有优胜劣汰的压力;商家有市场竞争的压力;就连退了休的人也有压力,有孤独的压力,有疾病的压力。而之所以会产生这些压力,是由于一个人的某些需要、欲求、愿望遇到障碍和干扰,从而引发出心理和精神的不良反应。"压力如水,可载舟,也可覆舟",它既有好的一面,也有坏的一面。如果我们能把压力变成动力,那么压力就成了蜜糖;如果我们把压力憋在心里,让它无休止地折磨我们,那么压力就会变成了砒霜。

其实，人有压力并不可怕，可怕的是我们憋在心里，让它变成心灵的枷锁，如此，我们就会失去理智的判断能力，失去激发潜能的自由。西方有句谚语："最后一棵草会压垮骆驼背。"同样，工作生活中的烦心琐事，也会给人造成心理和精神上的压力，直接影响人的健康和生命。

一个50岁刚刚出头的教师，他体检时，发现肝上有点问题，从此心情沉重，精神不振，不到半年竟形如枯槁。没过多久，便猝然离世了。医生说他的生命不是因为肝病而结束，而是被自我心理压力夺去的。

压力不仅仅只有破坏性力量，还有积极的促动力量。压力能够变动力，这是物理学上的一条定理。

美洲虎是一种濒临灭绝的动物，世界上仅存十几只，其中秘鲁动物园里有一只。秘鲁人为了保护这只美洲虎，不仅专门为它建造了虎园，里面有山有水，还有成群结队的牛、羊、兔子供它享用。奇怪的是，它只吃管理员送来的肉食，经常卧在虎房里，吃了睡，睡了吃。

有人说："失去爱情的老虎，怎么能有精神？"为此，动物园又定期从国外租来雌虎陪伴它。然而，美洲虎最多陪"女友"出去走走，不久又回到虎房，还是打不起精神。

一位动物学家建议说："虎是林中之王，园里只放一群吃草的小动物，怎么能引起它的兴趣。"动物园里的管理人员采纳了专家的意见，放进了三只豺狗，从此，美洲虎不再睡懒觉了。它时而站在山顶引颈长啸；时而冲下山来，雄赳赳地满园巡逻；时而追逐豺狗挑衅。

美洲虎有了攻击的对手，也就有了压力，有了压力使它精神倍增，与以前大不一样。

其实,我们的生活也是同一道理。每个人都会有这样的体会,一个人饭后散步时可以背起手来,闲情漫步,如果让他挑上百斤重担,便会立马小跑起来。这是为什么? 答案是压力产生了动力。法国的维克多·格林尼亚,就是凭借压力,激发出动力,获得了诺贝尔化学奖。

格林尼亚生于富有之家,他从小生活奢侈,不务正业,人们都说他是个没有出息的花花公子。在一次宴会上,他有意接近一位年轻貌美的姑娘。然而这位姑娘却毫不留情地对他说:"请站远点,我最讨厌你这样的花花公子挡住视线。"骄傲的格林尼亚有生以来,第一次遭遇这样的羞辱。这令人无地自容的羞辱,像重重的一拳,把昏睡不醒的格林尼亚打醒了。从宴会上回来,他给家人留下一封书信:"请不要探询我的下落,容我去刻苦学习,我相信自己将来会创造出一些成绩的。"果然,他在八年后,他成了一位著名的化学家,时隔不久,又获得了诺贝尔化学奖。后来格林尼亚收到一封信, 信中只有一句话:"我永远敬爱那些敢于战胜自己的人。"写信者正是宴会上那位美丽的姑娘。

格林尼亚当众受辱,他以为了能洗刷掉这些羞辱为压力促使自己去战胜自我,后来终于用羞辱换得荣誉,实现了由纨绔子弟向伟大科学家的转化。这就是物极必反,压力变动力的结果。从格林尼亚的转化中,我们还可以发现:一个人追求的目标越高,战胜压力的力量就越大。

在日本有个流传很广的故事:古时候日本渔民出海捕鳗鱼,因为船小,回到岸边时鳗鱼几乎死光了。但有一个渔民每次捕回的鱼都是活蹦乱跳的,也因此,卖的价钱也非常高,一时搞得大家都很迷惑。渔民在临死前才将其中的秘密告诉了他的儿子。原来,他在盛鳗鱼的船舱里放进了一些鲇鱼。鲇鱼生性好斗,为了防止鲇鱼攻击,鳗鱼也被迫攻击对方。

在战斗的状态中,鳗鱼忽略了被捕捉后面临的死亡威胁,所有的潜能都被激发出来,投入战争。这样,尽管它们伤痕累累,但绝大部分鳗鱼还是能够生存下来。

听完这则故事,大家恍然大悟:是压力让它们有了生存的动力。

变压力为动力的最根本的答案是:依靠信仰,并且与它对你每天生活的旨意相一致。

人,往往都有一定的惰性,因而,只有在一定的压力下,人才能最大限度地引爆自身的潜能。

压力是促使进步的最好动力。著名科学家贝弗里奇说过:"人们最出色的工作往往是在逆境中做出的,思想上的压力,甚至肉体上的痛苦,都可能成为精神的兴奋剂。很多作家、画家平时灵感难寻,但在交稿时间非常迫近或其他原因造成的压力下,大脑里却容易涌现出灵感。"

创造学之父奥斯本也说过:"多数有创造力的人,其实是在期限的逼迫下从事工作的……决定了期限,就会产生对失败的恐惧感,因此,工作时加上情感力量,就会使得工作更加完美。"

当然,压力也不能过大,如果压力过大的话,就会把意志不坚的人给压怕了,压趴下了。适度的压力,不仅是行动的最好保障,而且常常能把潜能发挥到极点,创造出令人震惊的奇迹。

压力既是一种负担也是一种责任,自古以来就是一个沉重的话题,每个人都有压力,所不同的是,只有把压力变为动力的人,才算是一个成功者。

7.用忙碌赶走忧虑

"人之生也，与忧俱生。"庄子的话真是哲人睿语。大凡人生，总不免忧国忧民忧亲忧己。忧虑自有高下之分："先天下之忧而忧"，即为大忧大患，于强者并非致命的重斧，倒可能成为催人奋发、造福民族的契机。有些忧虑的确没多大意义，却有人跟它掰不开扯不断，让它困扰身心，影响健康，苦不堪言。于是人们绞尽脑汁想方设法去消除无谓的忧虑，可效果总不那么令人满意。

而一些在图书馆、实验室从事研究工作的人，很少因忧虑而精神崩溃，因为他们没有时间去享受这种"奢侈"。所以，让自己忙碌起来，是赶走忧虑的一个好办法。

有个叫马利安·道格拉斯的人，他的家庭曾遭遇过两次不幸。第一次，他失去了五岁的女儿，一个他很钟爱的孩子。他和妻子都以为自己无法承受住这个打击。更不幸的是，十月后，他们又有了另外一个女儿——而她仅仅活了五天。

这位父亲几乎承受不了这接二连三的打击，他说："我睡不着，吃不下，无法休息或放松，精神受到致命的打击，信心丧失殆尽。吃安眠药和旅行都没有用。我的身体好像被夹在一把大钳子里，而这把钳子越夹越紧。"

"不过，感谢上帝，我还有一个四岁的儿子，他教给我们解决问题的方法。一天下午，我呆坐在那里为自己难过时，儿子问我：'爸爸，你能不能

给我造一条船？'我实在没兴趣，可这个小家伙很缠人，我只得依着他。

"造那条玩具船大约花费了我三个小时，等做好时我才发现，这三个小时是我许多天来第一次感到放松的时刻。

"这一发现使我大梦方醒，使我几个月来第一次有精神去思考。我明白了，如果你忙着做费脑筋的工作，你就很难再去忧虑了。对我来说，造船就把我的忧虑整个冲散了，所以我决定使自己不断地忙碌。第二天晚上，我巡视了每个房间，把所有该做的事情列成一张单子。有许多小东西需要修理，比方说书架、楼梯、窗帘、门把、门锁、漏水的龙头等。两个星期内，我列出了242件需要做的事情。

"从此，这使我的生活中充满了启发性的活动：每星期的两个晚上我到纽约市参加成人教育班，并参加了一些小镇上的活动。现在任校董事会主席。还协助红十字会和其他机构的募捐，我现在忙得简直没有时间去忧虑。"由此例可见，用忙碌赶走忧虑的确是一个好办法。

众人都想方设法赶走自己的忧虑情绪，很多人这样做到了。"没有时间去忧虑"，这是丘吉尔在战事紧张、每天要工作18小时所说的话。当别人问他是否为自己肩负的重任而忧虑时，丘吉尔说："我太忙了，没有时间去忧虑。"

能把忧虑赶走的方法，就是"让自己忙着"，这是一件简单的事情。在心理学上有一条最基本的定律就是：一心不能二用。人们不可能既激动、热诚地去想令人兴奋的事情，又与此同时陷入忧虑当中。"让自己忙着"这句话，曾被医生用来治疗心理上的精神衰弱症。除睡觉的时间外，每一分钟都让这些在精神上受到打击的人充满了活动，比如钓鱼、打猎、打球、种花以及跳舞等，他们根本没有时间闲着。

近代心理医生有一常用名词"职业性的治疗"，也就是拿工作当成治病的处方。这并不是新的办法，其实古希腊的医生早已使用了。每一个心

理治疗医生都能告诉你：工作——让你忙着——是精神病最好的治疗剂。如果你不能一直忙碌着，而是闲坐在那里发愁，你会产生一大堆胡思乱想的东西，"胡思乱想"犹如传说中的妖精，会掏空你的思想，摧毁你的行动力和意志力。

查尔斯·柯特林在发明汽车自动点火器时也遭遇过这种情形。柯特林先生一直都是通用公司的副总裁，负责世界知名的通用汽车研究公司，但当年他却穷得要用谷仓里堆稻草的地方做实验室。当时他家里的开销全靠他妻子一人教钢琴的1500美元酬金度日。有人问他妻子在那段时间是否很忧虑，她说："是的，我担心得睡不着。可是柯特林先生一点也不担心，他整天埋头工作，没有时间忧虑。"

伟大的科学家巴斯特曾说："人在图书馆和实验室能找到平静。"因为在那里，人们都埋头工作，不会为自己担忧。做研究工作的人之所以很少有精神崩溃的，就是因为他们没有时间来享受奢侈。

在1953年的一天晚上，马特先生胃出血了，被送进芝加哥医学院的附属医院。几天时间，他的体重由175磅锐减到90磅，只能每小时吃一汤匙半流质的东西。每天早上和晚上，护士把橡皮管插进他的胃里，把里面的东西洗出来。医生坦率地告诉他已经无药可救了。于是马特先生想了很多，他开始焦虑、发怒，病情也因此加重了许多。他甚至想到了自杀。

就这样过了几个月，马特发现自己几乎剩下一张躯壳，这不是他原来的样子。他决定做一些改变。他对自己说：马特，如果你除了等死以外，再也没有别的指望了，还不如好好利用一下剩余的时间呢。你不是一直想环游世界吗？现在可以去做了。当马特把这个想法告诉医生时，医生以为他疯了，并警告他说："如果你环游世界，就只有葬身大海了。"马特说："不会的。

我已经告诉了亲友，我要葬在尼布雷斯卡州老家的墓园里，我打算把棺材随身带着。他果真买了一具棺材，和轮船公司讲好，万一死了，就把他的尸体放进冷冻舱里。"

马特从洛杉矶上了"亚当斯总统号"船，开始向东方航行了。令人奇怪的是，他居然觉得好了很多！渐渐地不再吃药和洗胃，不久，任何东西都能吃了，甚至可以抽长长的黑雪茄，喝几杯酒，多年来他从来没有这样享受过了。马特在船上和人们玩游戏、唱歌、交新朋友，晚上聊到半夜。他感到很舒服，充满了欢乐。当他回到美国之后，他的体重增加了60磅，几乎完全忘记了以前的焦虑和病痛。他一生中从来没有这样开怀过。回来后，马特先生对他的家人说："如果上船之后我继续忧虑下去，毫无疑问，我只会躺在棺材里完成这次旅行了。"

肖伯纳说得好："让人愁苦的秘诀就是，有空闲时间来想想自己到底快活不快活。"因此不必去想它。让自己忙碌起来，你的血液就会开始循环，你的思想就会开始变得敏锐——让自己一直忙着，是在这世界上治疗忧虑最便宜，而且也是最好的一种药。

8.保持积极乐观的心态

生命的年轻不在于容颜而在于心态。心态的年轻对于一个人很重要的，要健康、想长寿，首先要从保持年轻和平衡的心态做，年轻是一种心态，心理的年轻才能让自己更有活力，更有冲劲，才能让自己的生命之树常青。

　　生活中，一个人有怎样的人生态度，便会决定着他这一生或者一段时间的生活快乐还是不快乐，充实还是不充实，心情愉悦还是充满忧愁。这便是心态决定心情的道理。

　　如果一个人持有积极乐观的人生态度，那么他会对一切充满希望，对所有的人和事保持宽容，积极面对生活给予的一切赐予与考验，每天都可以找到有意义的事情来做，他会感到自己的每天都在进步。这样的人，不会抱怨别人斤斤计较，不会埋怨生活总不顺心，不会对工作发牢骚，也不会对领导产生怨恨，因为这样的人总能从每一个人身上发现自己应该学习的地方，从每件事物领悟到生活的真谛，从每一次成功总结经验，从每一次失败总结教训。这样的人在生活的磨炼下会越来越成功。也只有这种人，才会成为人们羡慕的对象，后来者的楷模。

　　相反，如果一个人心态悲观，那么他会觉得所有的人都对自己不够友好，所有的人都在想方设法地对付自己，感到生活总是毫无意义，工作总是枯燥乏味，加班总不心甘情愿。会觉得领导总是不考虑自己的感受，朋友总是不够真诚，家人总是不够体贴……总而言之，一切都糟透了。这种人在生活的拍击下会变得越来越消沉，从而，有的得过且过，有的怨天尤人，有的离群索居，有的轻生厌世。这种人要么默默无闻、庸庸碌碌，要么挣扎着走完扭曲的人生。

　　有一位老太太，她有两个儿子，大儿子是染布的，二儿子是卖伞的，她整天为两个儿子发愁。天一下雨，她就会为大儿子发愁，因为不能晒布了；天一放晴，她就会为二儿子发愁，因为不下雨二儿子的伞就卖不出去。老太太总是愁眉紧锁，没有一天开心的日子，弄得疾病缠身，骨瘦如柴。一位哲学家告诉她，为什么不反过来想呢？天一下雨，你就为二儿子高兴，因为他可以卖伞了；天一放晴，你就为大儿子高兴，因为他可以晒布了。在哲学家的开导下，老太太天天都是乐呵呵的，身体自然健康起来了。

205

积极的人对待事物,不看消极的一面,只取积极的一面。如果摔了一跤,把手摔出了血,你就想:幸亏没把胳膊摔断;如果遭了车祸,撞折了一条腿,你就想:大难不死必有后福。积极的人把每一天都当作新生命的诞生而充满希望,尽管这一天有许多事情麻烦他;积极的人又把每一天都当作生命的最后一天,倍加珍惜。

刘孟是某家制药公司的医药代表,负责公司在8家医院的产品推广工作。正式上班的第二天清晨,按计划要给某医院药剂科主任去送新产品资料。时值冰雪寒冬,泥土和着薄冰冻得硬硬的,刘孟一边走一边不停地抱怨……忽然脚下一滑,"咚"的一声摔倒在地,刘孟窘红着脸站起身,却发现脚踝已扭伤。一步一跛赶到医院,已错过了约见药剂科主任的时间,转头却在科室门诊看到新贴出"医院代表,谢绝来访"……刘孟心里一酸,流着眼泪回到自己的办公室,办事处主任微笑着注视着她:"不错,在这样恶劣的天气里,能坚持工作的人一定不多;但这只是事情的一面。现在让我们想一想事情的另一面;正是在这样的天气里,你能出现在岗位上,还是做同样的工作,你所发挥的作用是不是要比往常有效数倍!难道这不正是你接近访问目标的更好时机吗?现在,我建议你再去一次,面带微笑,再去见那位药剂科主任。"

在此后的一年多里,刘孟成为了一名业绩优秀的代表,接任了办事处主任。在对新代表进行培训时,她特别谈到了这件事并发自内心地感慨:"看看我们身边,百分之九十的失败者其实不是被别人打败,而是自己败给了自己。以我为例,心态的转变只在于一闪念,但这一闪念却决定了结果乃至人生道路的莫大不同!"

刘孟收获了成功,为什么呢?答案是因为她的心态发生了改变,也就

是用积极的心态取代消极的心态去看待事物。

在我们的生活中，最不能缺少的就是乐观精神，顺境需要乐观，逆境更要保持乐观。如果一个人不能乐观地面对生活，生活就会失去乐趣。因为人生漫漫航程不可能是一帆风顺的，面对挫折打击、大悲小祸，一个悲观的人看到的是一条绝望的死胡同，而一个乐观的人看到的则是穿越黑暗的光明坦途！

9.摆脱依赖，自己做主

在人们所有的心理表现中，依赖心理是较为常见的一种，其主要特征是缺乏自立、自信、自主，过分地依赖他人，经常需要他人的帮助和指导，遇事往往犹豫不决，很难单独进行自己的计划或完成自己的事，总是依赖他人为自己作出决策或指出方向。

很多人之所以不能成大事就是源于过于依赖他人，他们习惯地把希望都寄托在别人身上，而自己不舍得出一点力。成大事者的习惯就是自己做主、依靠自己！然而，依赖别人这种现象却是一种普遍存在的习惯。

想要真正做到自己做主，实现独立，首先就得摆脱依赖他人的需要。要注意的是，这里讲的是"依赖的需要"而不是"与人交往"。一旦你觉得需要别人，你便成为一个脆弱的人，一种现代版的奴隶。这就是说：如果你所依赖的人离开了你、变了心或去世了，那么你必然会陷入惰性、精神崩溃甚至绝望至死。如果你出现了这样一种情况：你觉得必须根据某人的意愿做某事，而且事后感到怨恨、不做又感到内疚的话，那么可以肯

207

定,你有一定的依赖性,并且,你必须尽快地走出这一误区。

一个人如果有创业的勇气和才干, 他最好的谋生之路就是自己练好内功,独闯大业,没有资金也好,没有靠山也好,只要有拼尽人生一口气之锐气,就不愁在现在竞争激烈的社会狭缝里挤不出一条出路来。

几年前,西部一带曾炒起一个号称"第一打工仔"的年轻人,一家大公司以年薪50万元的报酬聘用了他,上任仅一百多天,就被炒了就鱼,于是,他又一次成为了媒体关注的对象。

在大学期间, 这位年轻人无数次小试牛刀的尝试都证明了自己是块经商的好材料,毕业之后他只干上几天"一杯茶,半盒烟,几张报纸混一天"的统计员工作,就备感百无聊赖的日子窒息难耐。他毅然地把那份固定的工作辞掉了,孑然一身,两手空空,走上了他开创自己事业的征途。

最初的时候,他怀着满腔的报负,无地施展,一次次打工都因不甘当"小三子"而辞工走人,但他闯来闯去,在近十年的漂泊中始终没选好自己的定位,只是在不停地更换着自己的老板。依赖别人,使他一直难成大事,最后一次风风火火地当了一百多天的"高价雇工"又宣告失败,他才彻底地了解了自己失败的症结所在。

在一个寒冷的冬季, 他在一家大报上看到了某司50万元招聘一名市场部经理的广告,他报名应聘,进行了一次面谈,他很快就被通知进入初选的40名。没过多久,他又被通知已进入前20名,当时连他自己都有搞不明白,实在不知道自己是如何被选中的。第三次见面,他发动三寸不烂之舌,结合自己的经历大谈了一通营销理论,就这样又进了前10名,这时他对公司还是知之甚少,并且感觉这个企业有什么地方不对头,但当他得知自己是108名佼佼者中选出来的前三名时,骨子里本有的那份争强好胜的劲又促使他不断前进,此时三名候选人已通过媒体开始在公众面前亮相,他已难以置身事外,整天处于一种亢奋状态,就在最后的争夺战中,

他以绝对的优势成功地被聘用。

然而，在他任短短的任职期间，他备感苦闷，他缺乏回天之力的客观条件，包括营销部的自主权等，他夸下的海口无力兑现，他被称为"绣花枕头"，最后被公司解聘了，公司又以种种借口，拒付高额年薪，他感到深深地屈辱，觉得自己像一只猴子，被人牵着耍了一圈儿，然后又被随意地扔了出去。后来虽然在律师的帮助下兑现了报酬，但从那以后，他就对高薪聘用彻彻底底地失去了信心。

后来，他在总结自己闯天下谋发展的教训时认识到：他浪费了近十年的最佳创业时光，失败归因于依赖别人，在别人的手心里练功，他深切地体会到，谋事业，求发展，命运一定要把握在自己手里，想依赖于他人成大事，是根本不可能的。

大家都知道形成依赖心理，是一个长期的过程，是多种因素相互作用的结果。它是一种消极的心理状态，影响个人独立人格的完善，制约人的自主性、积极性和创造力。而想要成功地把这种依赖心理克服掉，也并非一朝一夕能够解决，我们必须长时间、多角度地去攻克掉它。下面向你介绍了几个教你摆脱依赖的坏习惯的办法：

一、要接纳自己。一个人想要有所作为，首先要正确地认识自己。而想要充分、准确、客观地认识自己，则必须先在心理上接纳自己。人们一旦产生了依赖性，会很难把握自己，不知道正常状态应该是怎样的。这时候可以对照以下几条标准，看看自己有没有出现一些类似的情况？

在你的生活里，是不是有这种情况：每遇到一件事情，都会想到先问问那个人该怎么做；这件事会对身体或者经济带来不良影响；自己已经发现了它的坏影响，可就是没法放弃，总是重蹈覆辙。哪怕你只有一条符合，就说明你已经产生依赖心理了。

二、要增强自信心。自信心是对自己潜在能力的一种肯定，是追求事

业成功过程中的一种良好的心理素质。要有自己相信自己、自己战胜自己的信心。只要坚信"我能行"，一股新思想的动力就像源泉一样充实着头脑，并让自己的人生有所改变。

三、不自责。习惯于依赖他人的人，有时会对自己苛求，希望自己能在拒绝依赖的过程中变的更坚强些，但这种过度的自我控制有时反而会取得适得其反的效果，有时候甚至会越陷越深。如果有什么事情是自己想去做的，但是实践过程中却没能办到，这也没关系。不要责怪自己，要学会适当地给自己一些表扬。

四、寻找他人帮助。当一个人心中充满不快，找不到解决办法的时候，依赖症往往趁虚而入。如果在这个时候身边有一个无话不谈的朋友，困扰自己的问题就能迎刃而解。

想要从对外界的依赖中彻底地解脱出来，单靠一个人是不够的，个人的过度努力反而会产生新的压力。一部分人曾经克制过自己，并且情况有些好转，却又很快陷入了努力过程中产生的新依赖症中。如果向心理医生寻求帮助，医生会从谈话中发现患者本人可能从未察觉的一些情况。寻求帮助的对象是不是心理医生并不重要，重要的是不能仅靠自己一个人的力量。

五、培养忍受孤独的能力。自己待着，并不等于就是被别人孤立了。学会享受一个人的时光，不依赖别人，也不依赖某种东西或行为。独处的时间能够帮助你客观正确地认识自己，也是形成自己独立个性所必需的，这是摆脱依赖中很重要的一步。

六、要培养独立的人格。人人都需要来自外界的帮助，但是在接受他人帮助的同时，必须发挥自己的主观能动性。一些很重要的大事可以征求一下他人的意见，但必须把握一点：他人的意见仅供参考。一旦从对他人的依赖关系中解脱出来，自己就会有一种踏实的感觉，感到了自信的力量，享受了自主、自立给自己带来的好处，那么，依赖心理也就彻底地

被克服了，它再也没有立锥之地了。

人应该是独立的。独立行走，使人脱离了动物界而成为万物之灵。当你跨进青春之门时，你开始具备一定的独立意识，但对别人的依赖仍常常困扰着自己。随着身心的发展，你一方面比以前拥有了更多的自由度，另一方面却担负起比以前更多的责任，面对这些责任时，有些人感到胆怯，无法跨越依赖别人的心理障碍。依赖别人，意味着放弃对自我的主宰，这样往往不能形成自己独立的人格。他们容易失去自我，遇到问题时，自己不善于动脑筋，往往人云亦云，随帮唱影易产生从众心理。

依赖心理主要表现为缺乏信心，放弃了对自己大脑的支配权。在日常生活和工作中往往表现出没有主见，缺乏自信，总觉得自己能力不足，甘愿置身于从属地位。总认为个人难以独立，时常祈求他人的帮助，处事优柔寡断，遇事希望他人为自己作决定。

不要过分依赖自己的父母，他们总会有衰老且离开你的那一天；不要过分依赖自己的爱人，他们或许会有一无所有的时候；不要过分依赖自己的朋友，他们都有自己的生活和麻烦；不要过分依赖自己的恋人，他们或许会背叛你；不要过分依赖所谓的合作伙伴，他们或许自身难保。

当然，摆脱依赖是一个漫长的过程。没有什么人可以独立到从一开始就不需要依赖。

朋友，请摆脱依赖的坏习惯，变得自主、自立、自强些吧，摆脱依赖，你可以让自己的人生变得更美好。

10.珍惜现在拥有的一切

每个人的一生中都在不断寻觅,寻觅爱情或幸福,却往往在寻觅的过程中错过了许多我们本应该珍惜的:一些人、一些事或一些快乐的日子。等到时光远走,青春逝去,才发现原来我们失去的东西要比得到的多很多。

时光不知不觉从指缝中溜走,生命也随之流失。我们无法预知未来,能做的只有珍惜现在, 珍惜现在所拥有的一切……拥有时不懂得珍惜,失去了,才后悔莫及,人生最令人悲哀的事情莫过于此!

生命从来不会对我们做出任何承诺,生命只给我们一次机会,关键是看我们怎样去活,怎么去把握生命。

人来到这个世上,原本就是一无所有的,是老天赋予了我们生命、亲友、感情以及思想等。老天待我们如此丰厚。使我们拥有那么多,但我们却从来没有过满足,依然在乞求着老天能降下更多的甘霖。但若不懂得珍惜现在,又何谈将来的甘霖?

我们不能回到过去,因为过去的优美诗句会失去新意,过去的斑斓图画也会失去色彩;我们也不要希望未来,因为未来像雾里看花一样缥缈,似梦中彩虹般遥远。因此,我们只有拥有现在。今日事今日毕,绝不把今天的懒惰留给明天。明天,绝不继续品味苦涩。总而言之,做好一切该做的事情,不为现在留下一丝遗憾、一点愧疚。唯有如此,才能让我们留下闪光的记忆,憧憬美好的未来。

人生之路崎岖不平,难免会有各种各样的不幸。然而,快乐之人却不

会将这些放在心里，他们没有忧虑。那么，快乐是什么？快乐就是珍惜已拥有的一切。假如你想要让生活充满快乐，就要学会知足。知足是寻求快乐的唯一法宝。

这世间美好的东西实在数不过来，我们希望得到的总是太多。人往往拥有时不懂得珍惜，懂得珍惜时已不再拥有。要知道，眼前的一切才是最珍贵的。

世间万物从来就没有永恒，因为它们时时刻刻都在变化着。世界上诸多事物不以人的意识思维而迁移，所以不能说有就有、说消失就消失。即使你现在过得很好，饭来张口、衣来伸手、无牵无挂的。但谁能保证这样自由自在的快乐，可以保持一辈子呢？又有谁能保证一个人在一生中没有丝毫波澜，永远风平浪静、快快乐乐呢？所以，懂得珍惜才是最重要的。

饥饿者视粮食贵于金钱，寒冷者视衣帛重于珠玉，只因他们真正体会到衣食的重要。成功的人珍惜自己的成功，失败的人珍惜自己的付出，因为他们知道成功的不易，付出的辛劳。而智者，居陋室而自娱，无得失而自乐，他们珍惜自己所拥有的一切。因为他们知道，只有现在的拥有才最值得珍惜，失去的和将来的只是水中月镜中花，虽美却虚幻。

人生就是需要拼搏、奋勇直前，在不甘寂寞与自我超载中周而复始，谁也没有满足的时候，没有滞留，唯有争取。不要因自己现在比别人差，就灰心丧气、意志消沉。还是理智一点为好，珍惜自己现在的所有一切！一份耕耘，一份收获，相信自己以坦然平和的心态去面对一切，便会活得轻松、快乐。

我们要学会珍惜现在的所有一切，无论是遭遇痛苦还是享受快乐，微笑着面对每一天，才不会让我们的青春虚度、碌碌无为。也只有珍惜现在所拥有的一切，才能在将来回首往事之时无悔无怨。

只要我们懂得珍惜现在，就不会在虚幻的浮想中设计自己，也不会在失败的痛苦中否定自己。不要因为生活给了我们一片蔚蓝就忘了自己的

本色。青春的花季，美丽而浪漫。这些都只是自然的厚爱，不是你我炫耀的资本。

只要我们懂得珍惜现在，就会让我们在生命的竞争中时时刻刻拥有美丽与活力。生命有时是一条被粉饰、包装的暗河，我们在进入其中才知道它并不是我们所设想的那么完美。

只要我们懂得珍惜现在，就不会在倾覆的边缘恐慌，也不会在一帆风顺时失去自我。生活也许是一幅漂亮的草图，但永远也成不了一幅完善的画卷，我们也永远没办法让一切演完之后又从头来过。

因此，从现在开始，珍惜现在拥有的一切吧，不要等到失去了才去留恋。最宝贵的是"现在"，最容易失去的也是"现在"。

第十课

心想事成的秘诀

——相信自己,肯定自己

1.相信梦想,才会实现梦想

所有的成功人士都是一样的,要想成功,你必须对自己的梦想有着强烈的渴望,并且信心十足。中国的成功人士是这样,外国的成功人士也是这样。

施瓦辛格年轻时,父亲希望他踢足球。他为了梦想执著于举重和健美运动。他十分投入去运动,父母亲怕他锻炼过量,不得不限制他去健身房的次数,可他在家里把一间没有暖气的房间改为健身房继续锻炼。坚持不懈的努力使施瓦辛格成为最知名的健美运动员。从影前,他一共获得过八次奥林匹克先生和五次环球健美先生的荣誉。

施瓦辛格在1968年来到美国,当时仅有的财产是20美元,一个装有沾满汗水的运动包和一个梦想。但是施瓦辛格总是充满自信。他在1973年出版的自传小说《阿诺德,一个健美运动员的成长》中写道:"我知道我是一个赢者,我知道我一定要做伟大的事情。"

在洛杉矶定居后,施瓦辛格不满足于自己只是一个健美冠军,他要向世界富豪的目标前进。最初,他为经纪人乔·维德的健美杂志写文章,得到一个免费单元房、一辆车和每周60美元的酬金。与此同时,他又和朋友一起雇用了几个健美教练开办了一家健身房,还用函授方式讲授健美课程。他自己也去读夜校,同时到三所学校学习营销、经济学、政治学、历史和艺术。他说:"只要你努力工作,你就可以实现理想。"

远大的抱负和充沛的精力使施瓦辛格勇于迎接新的挑战。作为一名

健美运动员,他从很早开始就具有表演的才能。身居洛杉矶,好莱坞近在咫尺。于是他有了下一步的目标。

1970年施瓦辛格从第一部电影《大力神在纽约》开始了他的演员生涯。至今已主演近20部动作片,几乎部部叫座,在全球影响极广。其中最大的商业成功是《魔鬼终结者2》,使他成为全球收入最高的演员。"魔鬼终结者"也成为好莱坞的经典形象之一。施瓦辛格的名字已成为动作片的代名词,也是票房的保证。更难得的是他为拓宽戏路还出演了几部喜剧片,依然大获成功。这也是其他动作片明星所无法比拟的。

当时他是最走红的明星,他拍摄的每一部动作片都可使他获得2000万美元的收入;他又是成功的商人、不动产巨头和餐馆老板;他参加州长竞选还得到美国共和党人的支持。

想要成功的人会将自己的每一天都和成功目标挂钩,明确到每一天的成功目标会让成功到来的路径更加清晰。

施瓦辛格和肯尼迪总统的外甥女玛利亚·施莱弗结婚,更给他演艺生涯增添了传奇色彩,这也是他个人理想实现的一部分。息影后的施瓦辛格开始参与政治,并且参加了州长竞选,在演艺界的影响和成就使其于2003年11月16日当选为美国加利福尼亚州州长。有人说如果他出生在美国,他很有可能成为美国总统(美国宪法规定,美国总统只能是出生于美国的人)。

从施瓦辛格的经历中,你能感觉到他绝对相信自己将是一个成功者,从来都不怀疑自己,他觉得自己注定将是赢家。正是对自己未来如此坚决的肯定,才让他有了从一个异国乡下小孩变成美国州长的传奇经历。

几乎所有成功的人都对自己充满信心,不论何种情况他都相信自己

可以排除一切困难达到成功,成功者的字典里没有"不可能"。忍受宫刑的司马迁写出了不朽的《史记》,耳聋的贝多芬依旧谱写出《命运交响曲》,轮椅上的总统罗斯福依然能够掌控美国的命运。尽管命运之神设置了障碍,但是同样没有阻挡住他们奔向成功的脚步。

2.抓住展现自己才华的最佳时机

时机历来都被成功者视为事关成败的关键要素。

在追求成功的道路上最重要的是抓住展现自己才华的最佳时机。因为只有这一刻,你才能使大家认识到你的与众不同。人生的事业就如同舞台上的戏剧,戏剧的动作与台词,在演出时必须把握得恰到好处才行。事业也是如此,每个人的表演如何,就看你是否能抓住表现自己的时机。

曾经有一个衣衫褴褛的少年,到摩天大楼的工地向衣着讲究的承包商请教:"我应该怎么做,长大后才能跟你一样有钱?"

承包商看了少年一眼,对他说:"我给你讲一个故事。有三个工人在同一个工地工作,三个人都一样努力,只不过其中一个人始终没有穿工地发的蓝制服。最后,第一个工人现在成了工头,第二个工人已经退休,而第三个没穿工地制服的工人则成了建筑公司的老板。年轻人,你明白这个故事的意义吗?"

少年满脸困惑,听得一头雾水,于是承包商继续指着前面那些正在脚手架上工作的工人对男孩说:"看到那些人了吗?他们全都是我的工人。但是,那么多的人,我根本没办法记住每一个人的名字,甚至连有些人的

218

长相都没印象。但是，你看他们中间那个穿着红色衬衫的人，他不但比别人更卖力，而且每天最早上班，最晚下班，加上他那件红衬衫，使他在这群工人中显得特别突出。我现在就要过去找他，升他当监工。年轻人，我就是这样成功的，我除了卖力工作，表现得比其他人更好之外，我还懂得如何让别人看到我在努力。"

不要以为只有你一个人在拼命工作，其实每个人都很努力！因此，如果想要在一群努力的人中脱颖而出，除了比别人做得更好之外，还得靠其他的技巧和方法。

《三国演义》里有这样一个故事：庞统刚投奔刘备的时候，刘备见他相貌丑陋，以为没有什么才能，便让他到耒阳县做县令。

庞统到了耒阳，终日饮酒，不理政事。刘备知道这个消息之后，便派张飞到耒阳巡察。张飞到了耒阳，发现县里的公务积压，不禁大怒，对庞统说："我哥哥看你是个人才，让你做个县令，可是你为什么把县里的事务弄得乱七八糟？"

庞统当时还是半醉半醒，听了张飞的话，微笑着说："区区一个小县，有什么需要我天天处理的事情？"

庞统说完，命令手下把积压的简牍文书全部送上大堂，开始处理公务。只见庞统耳听口判，曲直分明，那积压了一百多天的公务，不一会儿就处理完毕……

庞统把笔扔在地上，斜着眼睛问张飞："我究竟荒废了你哥哥的什么大事？"

张飞虽然是一个粗人，但是他的优点就是粗中有细，见到这种情况，大吃一惊，马上起身回到荆州向刘备禀报……

庞统就是靠不理政事这一假象引起刘备的注意，从而抓住有利时机，

219

提高了自己的知名度，后来做了副军师中郎将。

我们知道，要获得提拔，最有说服力的理由就是自己的工作业绩。在当今社会，工作表现好，办事能力强，能出色完成任务的人数不胜数。但这并不表示他就可以获得提拔。所以，争取曝光的机会，成为人们关注的焦点，是获得重用的好计谋。

亚特兰大的管理专家哈维·柯尔曼工作了11年，有一半时间是从事管理方面的工作，还曾担任过美国电报电话公司、可口可乐公司的智囊以及其他公司的企业发展顾问。根据在多家大公司的所见所闻，柯尔曼把影响人们事业成功的因素作了如下划分：

在获得提拔机会的比率中，一个人的工作表现只占10%，给人的印象占30%，而在公司内抓住有利时机曝光的则占了60%。

基于这个数据，他对提拔之道提出了自己的见解。柯尔曼认为，在当今这个时代，工作表现好的人太多。工作做得好也许可以获得加薪，但并不意味着能够获得提拔。提拔的关键在于有多少人知道下属的存在和下属工作的内容，以及这些了解下属的人在公司中的影响力有多大。

无独有偶，辛辛那提的管理顾问克利尔·杰美森也给出了与柯尔曼相似的意见："许多人以为只要自己努力工作，顶头上司就一定会拉自己一把，给自己出头的机会。这些人自以为真才实学就是一切，所以对提高个人知名度很不关心。但如果他们真想有所作为，我建议他们还是应该学习如何吸引众人的目光。"

因此，要想获得成功，最好的办法是让自己成为引人注目的焦点。

3.抬起头来,接纳你自己

现实生活中,某人因相貌平平而自卑畏缩、悲观厌世;某人因有过一次严重过失而悔恨不已,进而自轻自贱;某人因高考落榜而灰心丧气,否定自我;某人因身有残缺或曾有精神疾患而自觉低人一等,进而自暴自弃……这样的事屡见不鲜,对于这样的人,我们要说:请抬起头来,接纳你自己,因为只有这样,你才能改变自己。

有一位年迈的富翁,他担心自己庞大的家产将来被娇纵的儿子败光。于是,他说服独生子去寻找宝物,在艰苦的奋斗中增长自己的勇气和才干。

青年驾着大船远渡重洋,最后在一片热带雨林找到一种树木。这种树木高10余米,砍倒它,经过一年时间让其外皮朽烂,木心变黑,会散发无比的香气,而且放置水中会沉入水底。此木名叫香木。青年说:这真是无比的宝物!他把香木运到市场出售,可是无人问津。

青年隔壁的摊位上有人在卖木炭,销量很大。开始的时候,青年意志坚强,不为所动。然而日子一天天过去,青年渐渐丧失了信心,于是他把香木烧成木炭很快就卖完了。青年颇为自己的灵活变通而沾沾自喜。

而年迈的富翁知道,这被烧成木炭的香木,正是世界上最宝贵的树木——沉香,切下一点点,价值就超过一车的木炭。

我们生活在这个世界上,最容易随波逐流,最容易放弃自我,羡慕他

人。人生在世,各有各的禀赋,各有各的特点,每个人都是大自然的杰作,每个人都有别人所无可比拟的长处。但是我们往往缺乏耐心,不够自信,把到手的沉香当作木炭一般贱卖了,这是多么惨痛的事实!

其实,人的一切彷徨与痛苦都是因为不接纳自己,一切的空虚和烦恼也是因为无法肯定自己。当一个人被外界的名利和虚荣所诱惑的时候,就会迷失自我,会被挫折和荣誉激怒,被物欲挫败。人最忌讳的是不能认清自己,盲目地拿自己和别人作比较,否定了自己,获得的是无尽的烦恼。

人们常说:"像爱自己一样爱周围的人。"可是,大多数人还没有意识到自爱的重要性,况且,只有爱自己才能爱别人。只有容纳自己才能容纳这个世界。承认自己平凡,是一种大智、大勇。生活中,很多貌不惊人的人却做出了惊人的成绩,为什么有的人聪明伶俐却成绩平平呢?

上帝并不偏爱任何一个人,每个人都有优点和弱点,但有人发现自己的弱点和缺陷后,就当作包袱背起来,老是挂在心上,连自己的优点和长处也看不到了。于是自己的精神优势就被缺点、弱点所压垮,自己的聪明才智、潜在能力就无从发挥。

每一种花都是独一无二的,每一个人也是这样,无论自己现状怎样,都应该坦然地接纳自己,然后再思变。这样才能绽放出独特的芳香。每一个人都是自己的花朵,妒忌和羡慕别人是愚蠢的,虽然你也许有缺陷,但你却有足够的潜力去生活得更好。

也许你貌不惊人,也许你语不出众,也许你没有惊人的才华,也许你没有辉煌的过去,也许你有先天的缺陷——也许你为此而伤感,为此而自卑、自弃。人们不应该这样,每个人要学着接纳自己,珍惜自己。

马克思很欣赏这样一句谚语:"你之所以感到巨人高不可攀,只是因为你跪着。"许多事情别人能做到,你经过努力也能做到,重要的是要接纳自己,对自己做出肯定的评价,从而充分发挥自己的优势。

在《庄子·大宗师》里有这样一则故事:子祀和子舆是好朋友,有一天,子舆生病,子祀去探望他,见面时,子舆竟对子祀说:"伟大的造物者啊,竟把我变成驼背模样。背上生了五个疮口,而脸因佝偻而低伏到肚脐,两肩隆起,高过头顶,脖颈骨则朝天突起。"子祀问他是不是讨厌这种病,子舆悠闲地说:"不,我为什么要讨厌它呢? 假使我的左臂变成一只鸡,我便用它在夜里报晓;假使我的右臂变成弹弓,便用它去打斑鸠来烤了吃;假使我的尾椎骨变成车轮,我的精神变成了马,我便可以乘着它遨游,无须另备马车了。再说吧,得是时机,失是顺应,安于时机而顺应变化,哀乐自然不能侵入心中。这就是自我的解脱。那些不能自我解脱的人,就要被外物所奴役束缚了。物不能胜天,这是不易的理则,当我改变不了它的时候,我为什么要讨厌它呢? "

庄子讲的这个故事道出了生活的智慧。人必须接纳自己,依照自己的本质好好地生活,不盲目地羡慕和比较,光明和成功的一面不就展现在眼前了吗? 对自己的生命,乃至对周围的一切接纳和欣赏,就会倍加珍惜生命,就能拥有愉快的心境了。

有人说过这样一句话:你要欣然接纳自己,你是骆驼就不要去唱苍鹰之歌,驼铃同样具有魅力。是呀,接纳自己,你也有值得欣赏的地方。如果你觉得自己拥有的只是缺点,那是因为你没有真正认识你自己,请用另一种眼光看自己,为自己"提价",就会多发现一个"原来如此"。

先爱你自己,别人才爱你。一个看不起自己的人还有谁会重视你? 自尊是获得别人尊重的基础,自信是赢得别人信任的根本。所以你要学会接纳自己。

223

4.培养迅速下定决心的习惯

一份分析数百名百万富翁的报告显示，这些商业奇才都有迅速下定决心的习惯。一个人能够看清困难所在，可以算得上精明，但如果他避难有方，才算是真正的精明。

其实，一个人易犯的大错，就是怕犯错。犹豫不决是罪魁祸首。它有一个谬误的前提：不作决定，不会犯错。希望做到至善至美的人，特别惧怕犯错。他从没犯过错，一切事情都做得很完善，如果出现丝毫瑕疵，强烈的自信就会被击得粉碎，因此，他认为作决定是生死攸关的事情。

一个看得透、断得准的人可驾驭事物而不为事物所驾驭。他可以洞察最深处的东西，摸清对方的底细。天下没有什么东西他不能发现、留心、把握和理解。所以不要犹豫不决，要迅速地做出决断，这样才不会错失良机。

决心的反面即是拖延，拖延是每一个人必须切实征服的公敌。

由于恐惧自主，恐惧批评，恐惧改变，迟迟不能决定，而越是犹豫就越恐惧。人产生犹豫的缘故十之八九是因为心中有某种恐惧感。

为了怕别人笑，最最单纯的事也可以反复思索数小时。能买那条红缎的床罩吗？下班后要不要去喝一杯？请人家吃饭该做牛肉还是茄子？要是做了牛肉，绝不会说我小气。茄子好像太小家子气，而且……

再者是恐惧别人把你定型为某一类的人。这种情形大致算是一种自我封闭的恐惧：自以为决定做一件事就表示其他的事你都不能做，一辈子只限于一个范围之内。例如，体育好的头脑就不行；只可能语文好或数

学好,不可能两者都好;或不可能同时喜欢古典音乐和摇滚乐。如有一位书读得不错的女孩,不知道该学医还是学声乐,为了考虑好,就暂时做些杂工作,一做就是五年,仍决定不了。最后还是读了医,但是,白白浪费了五年时间,如果这五年读医或学声乐,都该有点成绩了。

恐惧、后悔、效率差都和缺乏决断力有连带关系。先耗费时间和精神去想该不该去这么做,又要耗时间和精神去想要不要那样做。心情整日被这些事压得很沉重,人也变得郁闷无趣。可能因为拿不定主意而爱听别人的意见,依赖别人,久而久之,觉得别人都在找你的别扭,随时等着挑你的毛病,以至于仇视他人。

一匹毛驴幸运地得到了两堆草料,然而幸运却毁了这可怜的家伙,它站在两堆草料中间,犹豫着不知先吃哪一堆才好,就这样,守着近在嘴边的食物,这匹毛驴活活饿死了。

假使你有寡断的倾向或习惯,你应该立刻奋起,击败这个恶魔,因为它足以破坏你的各种进取的机会。

在你决定某一件事情以前,你应该对各方面情况有所了解,你应该运用全部的常识与理智,郑重考虑,一经决定以后,就不要轻易反悔。

练习敏捷、坚毅的决断,成为一种习惯,你会受益无穷。那时,你不但对自己有自信,而且也能得到别人的信任。

主意不定,对于一个人品格的锻炼,是致命的打击。有这种弱点的人,从来不会是有毅力的人。这种弱点,可以破坏一个人对自己的信赖,可以破坏他的判断力,并有害于他的精神能力。

林肯决心发表其著名的解放黑奴宣言,赋予美国黑人自由。在发表之初,林肯完全了解,此举将使得成千上万原先支持他的朋友和政界人士

转而反对他。

苏格拉底宁可喝下毒药，也不愿意调整个人信念，正是凭借勇气所下的决心。此举使时代推进了100年，赋予当时的人那时还未有的思想自由权和发言自由权。

要成就事业，必须学会成竹在胸，使你的正确决断，坚定、稳固得像山岳一样。情感意气的波浪不能震荡它，别人的反对意见以及种种外界的侵袭，都不能打动它。

5.脚踏实地，切莫好高骛远

合抱之木，生于毫末；九层之台，起于累土；千里之行。始于足下。你就从那细小的萌芽开始生长，就从那一撮泥土筑起，就从此时此刻开始，从坚实的土地上迈步，一步一个脚印地往前走。

你心性高傲、目标远大固然不错。但目标犹如靶子，必须在你的射程之内才有意义。

如果你好高骛远，那就在人生操作上犯了一个大错误。你以为可以不经过程而直取终点，不从卑俗而直达高雅，舍弃细小而直为广大，跳过近前而直达远方。结果，黄粱美梦一场。你越是厌卑近而骛高远，你便越深地陷在卑近，高远永远对你高远着。

有了目标，还要为目标付出代价，如果你只空有大志，而不愿为理想的实现而付出辛勤劳动，那"理想"对你来说，永远只能是胡思乱想，一文不值的东西。

不能正视自身，无自知之明，是为好高骛远者的突出特征。你该掂量自己有多大的本事，有多少能耐。沾沾自喜于过去某方面的那一点点成绩。从来就不知道自己有什么缺陷。总是以己之所长去比人之所短。于是心中唯有自己的高大形象，从不患不知人，唯患人之不己知。一天又一天，一年又一年，总是抱着怀才不遇的感觉，无用武之地的感觉。

脱离了现实便只能生活在虚幻之中，脱离了自身便只能见到一个无限夸大的"变形金刚"。没有坚实的根基，只有空中楼阁，只有海市蜃楼。没有真正的本领和能耐，只有夸夸其谈和牛皮掀天。没有确实可行的方案和措施，只有空空洞洞的胡思乱想。

此为形成好高骛远者人生悲剧的前奏。

其次，好高骛远者都是懒汉，害怕吃苦，情绪懒散，从精神到行动都游游荡荡、好逸恶劳、贪图享受。他们甚至打心眼里瞧不起那些刻苦耐劳者，认为这些人是愚蠢。他们也打心眼里瞧不起每天围绕在身边的那些小事，不屑于做它。

此为形成好高骛远者人生悲剧的根本性原因。

好高骛远者在人际交往中也是最不受欢迎的一类人。对地位比你高的人，或者巴结奉承、奴颜卑膝；或者不屑交往，认为那些人也没有什么了不起。而对地位比他们低的人，则一律鄙视、瞧不起。若你是个工人，则瞧不起农民，开口闭口都是乡里人这样脏那样丑。若你是个干部，则瞧不起工人，开口闭口"工贩子"这样没修养那样没德行。结果，地位比你高的人瞧不起你。地位比你低的人也同样瞧不起你，你两头受鄙视，你成了被抛弃的人。

此为形成好高骛远者人生悲剧的又一重要因素。

结果当然是悲惨的。小事瞧不来、不愿做，而大事本想做却做不来。或者轮不上你做。于是一事无成。眼看着别人硕果累累，自己空有抱怨，空有妒嫉。

如果你已经开始悔恨，如果你发誓从头开始，那么，所有美好的前途仍在向你招手。你不再技术犯规，不再发生人生操作方面的失误，你将仍然可以进入强者之列。

"图难于其易，为大于其细。天下难事，必作于易；天下大事，必作于细。是以圣人终不为人，故能成其大。"

要想度过人生的难关，战胜人生中的种种磨难，完成天下的难事，要在你年轻单纯的时节，觉得为人处世容易和顺利的时候就开始。要想成就高远宏大的事业，实现你的理想和追求，必须从最细小、最微不足道的地方做起，从最简单的事情开始。

你只有首先面对真实的社会和人生，社会和人生也才会真实地面对你，你只有付出攀登险峰的实践，才能领略那无限的风光。

6.时刻充满必胜的信念

信念好似航标灯射出的明亮光芒，在朦胧浩渺的人生海洋中，指引着人们从黑暗走向辉煌。高高举起信念之旗的人，对一切艰难困苦都无所畏惧。

生命的乐章要奏出强音，必须依靠信念；青春的火焰要燃得旺盛，必须仰仗信念。

有人说，信念犹如火焰，当阴霾蔽日之时，指引你奔向光明的前程；有人说，信念宛似温泉，当冰凌满谷之时，冲荡你身心暖融融；有人说，信念好比葛藤，当你向险峰攀登之时，引你拾级而上；也有人说，信念就像金钥匙，当你置身于人生迷宫之时，助你撷取皇冠上的明珠。

信念并不深奥，说穿了可能比一切都更浅显，更明了；信念其实就是相信自己，相信成功，相信自己所确立的目标，相信自己为达到这一目标所具备的能力。

怀疑是信念之星的雾霭，在人迷离的时候，遮住了人的双目；动摇是信念之树的蛀虫，当飓风来袭的时候，折断挺拔的枝干；朝秦暮楚是信念之舟的礁屿，在潮汐起落的时候，阻止了奔向理想彼岸的行程。

一个人拥有绝对的信念是最重要的，只要有信念，力量就会油然而生。

1953年，世界著名游泳选手弗洛伦丝·查德威克计划从卡德林那岛游向加利福尼亚。两年前，她曾成功地只身横渡英吉利海峡，现在她想再创一项非同凡响的纪录。

就在这一年的某一天，当她游近加利福尼亚海岸时，嘴唇冻得发紫。全身一阵阵颤抖。她已经在海水里浸泡了16小时，前面雾气霭霭。看不见海滩，而且也难以辨认伴随她的小艇。

查德威克感到自己已精疲力竭了，更使她灰心的是在茫茫大海中找不到目标。她感到再也难以支撑了，于是向小艇上的人请求："把我拖上来吧，我不行了。"艇上的人劝她再坚持一下："只有一英里了。目标就在眼前，放弃就意味着失败。"浓雾使查德威克看不到海岸，她以为别人在哄骗她。"把我拉上来吧。"她再三请求。

于是冻得发抖、浑身湿淋淋的查德威克被同伴拉上了小艇。

后来查德威克很后悔，她告诉记者：如果她看到了海岸，就一定会坚持到终点。大雾阻止了她夺取最后的胜利。

但这件事过了不久，查德威克认识到，其实，妨碍她成功的不是大雾而是她内心的疑惑。其实，是她自己让大雾挡住了视线，迷惑了心灵，先是对自己丧失了信心，然后才被大雾俘虏了。

两个月后,查德威克又一次尝试着游向加利福尼亚。浓雾依然笼罩在她的周围,海水冰冷刺骨,同样还是望不见海岸。但这次她坚持了下来,她知道陆地就在前方,她奋力向前游,因为,陆地就在她的心中。最后她成功了。

查德威克在两次自我能力的挑战中,信念使她战胜了自己内心的恐惧和失望。最终她征服了海峡也征服了自己。

任何人都可以把梦想变为现实,但首先你必须拥有能够实现这一梦想的信念。千万不要让形形色色的雾迷住了你的眼睛。不要让雾俘虏了你。你遭遇的雾也许不是弥漫在加利福尼亚上空的。它们在任何时候、在任何地方都可能会出现。

"这个世界上,没有人能够使你倒下。如果你自己的信念还站立的话。"这是著名的黑人领袖马丁·路德·金的名言。

纵观在事业上有成就的人,在其起步时都是信誓旦旦。巴甫洛夫曾宣称:"如果我坚持什么,就是用炮弹也不能打倒我。"高尔基指出:"只有满怀信念的人,才能在任何地方都把信念沉浸在生活中并实现自己的意志。"

事实已经反复证明,自卑,就是心灵的自杀。它像一根潮湿的火柴,永远也不能点燃成功的火焰。许多人的失败在于,不是因为他们不能成功,而是因为他们不敢争取成功。而信念则是成功的基石。

7.一定要做个靠谱的人

靠谱的人思维和行动有一致性和可预测性，能让他人心里有谱，从而被授予很多重任。

很多年轻人有时很容易被个性、自由等词汇误导，而忽略了求生存、求发展时应该具备的基本素质。

王珞丹代言的广告里写着一组问答:最喜欢水瓶座人的什么？答曰:不靠谱。这个回答引起很多人的共鸣，它与年轻人喜爱的许巍的歌有一样的内涵，内心里受到束缚被释放。

然而，此不靠谱非彼不靠谱，如果王珞丹从一开始步入演艺圈，性格就真的那么不靠谱，她答应了九点拍片，但经常临时无故不能到场，如果她做事没有原则，随心所欲，一定不可能有今天的发展。

可见，对于任何问题都要具体问题具体分析，有些话只有从特定的一个角度看才是正确的，才有意义。

靠谱并不是一个概念很明确的词汇，汉语字典里也没有这个词。但"谱"的意思是好理解的，菜谱、琴谱等词汇我们经常使用，总结起来，谱就是一定的规则，就是按照一定的思路去做事，最终要得到一个意料之中的，或者至少八九不离十的结果。靠谱就是结果不要和预期相差太远，靠谱的人应该是理性的、有原则的、有"准度"的。

无论社会如何发展进步，无论人们的思想多么开放、多么宽容，在认

231

真做事的时候,人们需要靠谱的人。如果公司的总裁召开全体会议,之前安排了一位工作人员在电脑上演示一套新的工作方案,结果这位员工不小心把存有方案的设备忘在了家里;如果领导给员工安排了一个月之后要提交的工作任务,到了时间,员工还一脸迷惑,他压根就把这件事给忘了;如果一个女孩子做事永远不按常理出牌并以此为乐……如果这样,所有的事都会一团糟,没法按原计划进行,所有的组织人员都会失去安全感,不知道明天会发生什么事。

在人们身边,一旦出现了这样的人,人们都会慢慢地疏远他,因为他提供的信息不可靠,他做的事不在预期之内,与他合作,会打乱人正常的生活节奏,严重时会误事。

有一个女孩,毕业了仍然长不大,性格说风就是雨,从不慎重考虑。她身边的朋友吃够了她的苦。她烦恼的时候就找朋友聊天,到朋友家蹭饭,从不考虑对方是否方便。她的想法经常改变,今天说想从事行政工作,明天又说想当策划,问题还在于她总是没有想好该怎么做的时候,就打电话给朋友寻求帮助。一周前,她请朋友帮忙推荐到IT公司上班,可是那边好不容易搭上线之后,安排她和经理见面时,她却说她正在外地参加招聘会。她和男朋友生气后就请朋友帮她找房子,要搬出来住,每一次求人都言辞恳切,但等对方帮了她的忙,她又说两人和好了。朋友们和她在一起,很难找到合适的话题。两周前,她还在读养生保健的书,两周后,又把这些理论批得一文不值。谁也不知道她真正的想法是什么,人们很难从她的思维和行动中找到一以贯之的东西,通过长时间的相处,人们都知道,她不靠谱,重要的事谁也不敢托她代办,对于她的请求,也不敢包揽。工作中,领导从不把重要的任务交给她,虽然她的专业能力比较强,但是务业能力提高得很慢,因为无法得到大家的信任。

靠谱的一个重要特征是一个人的思维和行动有可预测性。无论这个人是好,还是坏。与一个靠谱的善良的人相处,人们的心里笃定他不会无故伤害自己;与一个不靠谱的人相处,人们内心里预知了,会想办法回避;与一个靠谱的爱人相处,女人会觉得有所依靠。总之,靠谱的人会给他人一道心里底线,即使他的心理受了刺激,遭遇了意外,他的行为也总是不会跨过那道底线。靠谱的人让人放心,让人安心,让人有心理准备地接受即将到来的理想的或者不幸的现实。

靠谱是一种成熟的表现,成熟在某种意义可以说是人格和心智有了某种稳定性。这样的人不仅更容易交朋友,得到他人的信任,更很少遭到外人的误解。因为行为和思维有稳定性,人们基本上还是根据你这个人的基本面,你的逻辑性去推测你可能做的事。这样,人际交往的过程中也能省时省力地避开许多暗礁。

8.冒险者更容易把握成功

冒险者之所以比其他人更容易把握成功。是因为他们对凡是认定正确的事情就全力以赴地去进行,绝不拖拖沓沓、贻误时机。

人的生存,由吃饭、穿衣、睡觉、工作这些实实在在的事情组成。可是,人生的许多事情隐藏着很大的不确定因素。有难以预知的不确定性。即便吃饭、穿衣这样熟悉的事,仍然可能发生突然的变化。

可以说,我们生存的世界,是一个多变的不确定的世界。人们除了对一般规律的认识以外,对自然灾害、意外事故、命运转变都无法把握,无能为力。

因此，人怎样生存，抱持怎样的生活态度，事实上就是在面对时时刻刻可能出现的不确定因素所具有的态度。

这种态度，可以分为截然不同的两个方面：一者中规中矩，墨守成规，害怕冒险，对人生的一切持小心翼翼的态度；二者则善于推陈出新，打破传统，具有冒险精神，对未知的事物持积极探索的态度。

显然，成功的人属于以上的后者。遗憾的是，生活中这类人并不多见。我们身边更常见的，是那些碌碌无为、畏惧冒险的庸俗之辈。

人生的本质及构成，既是创造，也是冒险。我们有时会感到不确定，但除了期待与等待，别无他法。几千年来，人类与文明的命运常取决于一场重要的战争之中。交战双方将他们的资源、人员、组织、勇气、旗帜、军队、传统的力量，投注于一场难以预测的战斗。最后其中一方会被打败，并承受永久被奴役的命运。

实质上，弱肉强食，适者生存，这是无法逃避的生存法则。对那些主张学校不要考试，社会不要竞争的学者，我们只能认为他们害怕竞争和冒险。须知考试是教育不可或缺的一部分。竞争则是社会进步的基础。那些想要为孩子们完全解除考试压力的父母亲，同样难以令人理解。所谓生存，就是预测、假想、调整压力的过程。

只有到了考试的时候，我们才知道自己懂了多少，必须下多少功夫。人们倾向于在刚起步的时候，怀抱幻想，将社会想象成自己希望的模样。学生刚开始面对厚厚的书本，只会想把接近身边的人都赶走，专心读书。考试日期越逼近时，学生会越焦虑，变得疑心重重。心里对即将面临的难关疑虑重重。

但是，我们不能永远只停留在空想、梦想之上。我们必须在心中，重新构筑现实的所有层面、可能发生的一切选择，才能让企图得以兑现，梦想得以实现。也就是说，我们必须预测所有行动可能会碰到的阴谋与陷阱，以及不论你是否愿意，社会都会给你的"考试"和不可知的风险。

　　不论在出现何种状况的时候,我们必须保持斗志高昂,仔细检讨是否做错了什么? 是否忽略了重要的细节? 是否因过于紧张而丧失客观的判断? 我们必须尽可能让现实的不安与不确定性再现出来,而绝不是一味地担忧和害怕。

　　一些企业、团体、组织能做出更好的计划,是因为每一环节的负责人都会努力解决面临的问题,借由有效的调查研究、咨询与测试,更能真实地反应现实。相反地,孤立的个人,即使是非凡的人,也容易受自己的偏见与好恶引导。因此,独裁者再怎么英明也会犯错,因为他不听别人的声音,也不接受现实的信息。更重要的,是他不愿面对现实,害怕失败的降临。

　　由以上的论述,我们得出一个结论:真正成功、可敬的人。必定是勇于面对现实,放眼未来,敢于冒险的人。

　　无论是大型企业、一般的工厂、社团、国有单位内,真正值得我们注视并效仿的人,都是具有一种开拓创新、勇往直前的冒险者。

　　而保守传统的人, 会把这种勇于冒险的精神看作肤浅浮躁、爱出风头、不成熟的表现。看到别人经常做一些反传统的事,他们会暗自好笑,带一种冷漠、幸灾乐祸的眼神来看待;在内心里,他们则很反对这种做法,暗自希望别人碰壁、失败。

　　敢于冒险者则必须突破传统势力的桎梏,打破陈旧思维的束缚,勇于创新,付出全部的努力来实现梦想。

　　首先,真正的冒险家必须要有突破传统的魄力和勇气。有的时候,传统势力的强大几乎是难以摇撼的,反对固有思想不仅要有超人的智慧、敏锐的目光,还要有付出艰苦努力的心理准备。甚至为了坚持真理而付出生命。

　　这使我们想起提出"太阳中心说"的哥白尼。当时的人们都以为地球是宇宙的中心,所有的天体都围绕地球运行。这种思想根植于每个人的内心,而且神圣到不可动摇、不容怀疑的程度。

可是勇敢的哥白尼首先站出来反对这个理论，提出"太阳中心说"。真是一石激起千层浪，他的说法引起了无数人的怀疑、反对和无休止的攻击。尤其是坚持地球中心论的宗教势力。认为这是对他们权威的挑战，因此不遗余力地驳斥他的说法。

在当时，教会的势力很强大，人们也认同他们的说法，认为哥白尼是妖言惑众、扰乱人心。事隔很多年后，人们才发现他的说法是有根据的，因而改变了对他的看法。

任何的新思想、新学说、新理论在被事实证明以前，都会遇到极大的阻力和反对意见。

要坚持真理、追求更大的成功，必须要付出巨大的精力乃至生命。这样的勇气，并不是人人都有的。

其次，成功的冒险家必须具有过人的智慧和冷静的头脑。冒险并不是只凭勇气一味猛冲猛打。没有目标求新求异。

相反，冒险家在进行每一次新的行动前，总会对行动的目的反复权衡，研究方案的可行性，可能出现的风险，进行精神、知识及物质上的充分准备。只要真的认为有意义、有必要的事，他就会毫不犹豫地为之付出所有的努力。

实际上，冒险者之所以比其他人更容易把握成功，是因为他们对凡是认定正确的事情就全力以赴地去进行，绝不拖拖沓沓、贻误时机。保守的人则过于谨慎，机会降临时多半由于心存疑虑而与之擦肩而过。

冒险家不仅有勇气，而且反应敏捷、智慧超群。他们善于学习，勇于探索，勤于思考，因而具有丰富的经验和知识。在面对新事物、新情况时能及时作出反应，辨别真伪，确定行动纲领。

此外，成功的冒险家从不把目光停留在眼前，而是高瞻远瞩，着眼于长久的发展。

对于已有的成就，他们不会沾沾自喜，也不任意丢弃。他们善于从原来的经验和规律中发现新的突破点，从而找到奋斗的目标。他们的目光之远大，思想之超前，常人是难于想象的。比如美国的莱特兄弟发明飞机以前，他们的想法就是常人难以企及不可思议的。要是他们向别人宣布要把一个载人的庞然大物送上天。别人不笑他们痴人说梦才怪。

同样的，人类所有的发明创造、科学进步，都是由这样一些敢于幻想、敢于向往、目光长远而又具有实干勇气的人们来完成的。

人生面临的变数和不确定性是如此之多，假如不具有冒险家的魄力和务实的探索精神，恐怕我们永远也只能原地踏步，抱着已有的一点成绩混天度日，如何能谈得上成功呢。

9.唯有恒心才能征服一切

成功的人有些什么共同的因素？恒心！大多数成功者只有平常的智力和体能，可是他们在完成一项工作时，在遭受重大挫折时，在工作极其繁重时，却有超乎常人的坚忍和毅力。如果你拥有这种品质并能加以培养，那么你一定能找到最适合的工作，并在其中出人头地。

当年宋美玲在称赞张学良将军时曾说道："有超乎常人的毅力，必有超乎常人的抱负。"恒心、毅力都是相对于人生旅途上的坎坷和挫折而言的。

任何人在向理想目标前进的过程中，都难免会遭遇到各种阻力和重重困难。在这种情况下，持之以恒则是最难能可贵的。

所谓"持之以恒"，是做自己命运主宰时，不朝秦暮楚，不被面前的困苦吓倒、不半途而废，不浅尝辄止，不功亏一篑。持之以恒是一种毅力，一

种精神。

你只有首先面对真实的社会和人生。社会和人生也才会真实地面对你，你只有付出攀登险峰的实践，才能领略那无限的风光。唯有恒心才能征服一切。

在我们上学之初，老师就告诉我们：坚持就是胜利。并且用大量的事例教诲我们，其中一个最显著的例子就是一个挖井人，他一连挖了几口井，都因不能坚持到底，到一半便放弃了，他说：这口井并没有水。其实水就在下面，只是挖井人没有持之以恒的决心罢了。

生命就像一场马拉松竞赛，最大的敌人不是别人，而是你自己。在你向事业迈进的旅程中，唯有靠持之不移的恒心，持续不断的毅力，才能成为一个真正的成功者。

如果通往成功的电梯出了故障，请你走楼梯，一步一步来。只要还有楼梯，或是任何梯子，通往你想去的地方，电梯有没有故障都是无关紧要的事了，重要的是你正在不断地一步一步往上爬。

恒心是有代价的。当你在向目标挺进的时候，千万别被别人嘲讽的声音、讥刺的话语、卑鄙的评点所吓倒，你只有捂住你的耳朵，别去理睬他们，继续前行。

如果你在途中遇上了麻烦或阻碍，你就去面对它、解决它。然后再继续前行，这样问题才不会越积越多。同时当你解决了一个问题，一个个问题有时也自动消失了。时间能消除许多问题，你惟有坚持到底，一个一个来，不要操之过急，也不要全都放弃。

很快地，你就会发现自己有了很大的转变，干劲增加了，自信心也提升了，你会感到一种前所未有的快活。你的工作也比过去做得更多更好，你的人际关系也朝着好的方向转变。

伟大的生物学家达尔文就说过："我所完成的任何科学工作，都是通过长期的思虑、忍耐和勤奋得来的。"

是的，纵观古今中外的历史，凡是取得巨大成就的人。都是和达尔文一样勇于坚持到底有恒心、有毅力的人。晋代左思花费十年时间收集素材，酝酿构思，以顽强不息的精神写出了令洛阳纸贵的《三都赋》；马克思用四十年的时间，在大英博物馆里"啃"书本，把博物馆里的水泥地都磨出了一个洞，写出了给人类历史、带来新世纪曙光的《资本论》；丁肇中、杨振宁博士坚持恒河沙数的原子轰击实验，终于发现了J粒子，使不守恒定律在实验上得以成立。

他们的成功说明：只要具备了排难而进、坚持到底的精神，无论办什么事情都能取得成功。否则，就会半途而废，功败垂成。

李自成初进北京，忙于登基封官，士卒懈怠，丧了军纪，丧失对清兵入关的警惕，胜利便成了一现昙花；德国科学家席勒在研究X射线即将看到曙光时，失去信心，罢手却步，遂将成功的喜悦奉送给了伦琴；牛顿晚年故步自封，坚持机械观点，以致一事无成。

坚持到底就是胜利。19世纪英国作家福楼拜说得好："顽强的毅力可以征服世界上任何一座高峰。"不错，只要拿出顽强的毅力，持之以恒，坚持到底，事业的成功必将成为一种必然。

10.充分挖掘你的潜能

我们大多数人的体内潜伏着惊人的能量，但这种潜能酣睡着，一旦被激发，便能成就一番大事！

很久以前,有位老人在自己的土地上挖掘出大量的石油,在一夕之间晋身为百万富翁,穷苦了大半辈子的他,发财后马上买了一辆凯迪拉克高级轿车。这辆车堪称当时款式最新、马力最强的车型,但老人却完全没有真正地驾驶过它,因为在这辆气派非凡的汽车前面,老人安排了两匹马儿负责拉车,即使机械师再三保证汽车本身的引擎完全正常,但是老人却从没想过要用钥匙激活引擎!

事实上,许多人犯了相同的错误,他们只知道车外那两匹马的力量,却不知道车内的引擎足足有一百匹马力之强,正如心理学家所说:"人类本身具备的能力往往只发挥了2%~5%。"

有人曾说过:"1分钱和20块钱如果同时被扔进大海中,它们的价值就毫无区别。"只有当你将它们捞起来,并按照正确的方式使用时,它们才会各自显现价值。

尼加拉瓜大瀑布在过去好几千年的岁月里,始终有上万吨的水从180英尺的高处倾泻至深渊中。有一天,有人实行了一项伟大的计划,他让部分落下的水流经过一个特殊装置,进而产生强大的电力。从此以后,这种新能源为人们的生活带来了诸多的便利,甚至推动了工业的发展。

实际上,只有当人们发现并利用瀑布的能量后,瀑布的水力才具有特殊的价值与意义,否则充其量也只是个壮观的风景,因此,我们也应该努力地去发掘并利用自身的潜能。

有个年轻人非常向往能到商界中发展,并成就一番事业,但在决定进行自己的计划之前,他开始怀疑自己,因为他发现自己缺少做老板的素

质及能力。他在大学学的是印刷，除了与印刷相关的知识以外，他几乎什么都不懂。他毕业后便一直在工厂担任工程师，很少与公司以外的人接触，和陌生人说话时就像个害羞的大男孩，不知道应该把手放在哪里，与女性说话时，甚至还会脸红。他想开一家印刷厂，可是他对开办公司的注册手续以及其中的法律规章一窍不通。

最后，他得出一个结论："我生来就不善与人打交道，如果要和人谈生意，一定无法顺利成功。开公司不是一件简单的事，必须要和人谈生意，必须接触许多人、谈许多条件，我不懂得沟通技巧，开公司只不过是痴人说梦罢了。看来我注定一辈子都要当个朝九晚五的上班族了。"

看到这里，你是不是心里也这样想："是啊！每个人都有各自适当的位置，何必羡慕或强求不属于自己的路呢？天生个性如此，怎能轻易改变，还是安分守己吧！"

但是还好这位年轻人的想法并非这样，虽然他的信心曾经动摇，不过他从来没有放弃。在亲人和朋友的鼓励下，他开始试着培养和别人交际应对的能力。慢慢地，他能聪颖且圆润地周旋于各种人物之中，上至政府官员，下至餐厅的服务生，他惊讶地发现，原来自己也可以轻松地赢得好人缘。

他开始向印刷厂的资深员工虚心请教，学习如何排版、如何选纸，试着了解各种机器的性能、各种品牌油墨的特性等。另外，他也结交了许多印刷厂的老板朋友，而他们也热心地帮助他筹集资金、指导注册手续，甚至教他如何招聘员工，并传授他许多宝贵的管理经验。

不久，年轻人的公司成立了。由于广泛的人脉关系，他的生意越做越好，财源滚滚，公司规模越来越大。几年后，他从一位腼腆的上班族成了一位意气风发的大老板。

　　《圣经》中有个关于才能的故事，大意是说上帝曾经分别给了三个人几种才能，不过第一个人只有一种才能，第二个人有三种，第三个人有五种。一段时间之后，上帝突然问起他们在此期间都做了些什么事情。第三个人回答说："我利用5种才能努力工作，结果却因此具备了10种才能。"上帝听完之后，很高兴地夸奖他："你做得很好！由于你善于利用才能，因此我将赋予你更多的才能。"

　　第二个人也同样地增加了自己的才能，但是第一个人却抱怨说："主啊！你给了别人很多才能，却只给我一种，真是不公平啊！我知道你是既严厉又残忍的主，所以我把你给我的才能给埋葬了。"上帝闻言后，很生气地说："你真是又懒又坏！"随后便取走了他的才能，转而恩赐给其他两人。

　　每个人身上都存在着未被开发过的领域，若你认为"天生就是如此"，其实是对自己缺乏正确的认识，就像小河觉得自己只是流动的液体，却没发现自己也可以是漂浮在空中的水气。挖掘自己的潜力，你就能够有所突破，而这种改变的勇气，也是创业者迈向成功事业必须具备的特质之一。

　　我们经常听到别人说："能者多劳。"在《圣经》中也说："让富有者更富有。"其实这两者的意义都是要人们掌握并利用自身的才能，使我们在不断增加才能的同时，也因此得到更多的利益与收获。当你发觉自我的巨大潜能时，你的生命价值才会因此真实展现。